最新养蜂技术

第2集

陈学刚　闫志浩　著

河南科学技术出版社

·郑州·

图书在版编目(CIP)数据

最新养蜂技术·第2集/陈学刚,闫志浩著.—郑州:河南科学技术出版社,2015.4(2016.5重印)

ISBN 978-7-5349-7562-2

Ⅰ.①最… Ⅱ.①陈… ②闫… Ⅲ.①养蜂 Ⅳ.①S89

中国版本图书馆CIP数据核字(2015)第003382号

出版发行：河南科学技术出版社

地址：郑州市经五路66号　　邮编：450002

电话：(0371) 65737028　65788613

网址：www.hnstp.cn

策划编辑：李义坤

责任编辑：张　鹏

责任校对：董静云

封面设计：陈　思

版式设计：栾亚平

责任印制：张艳芳

印　　刷：郑州龙洋印务有限公司

经　　销：全国新华书店

幅面尺寸：170 mm×240 mm　　印张：12.75　　彩插：12面　　字数：222千字

版　　次：2015年4月第1版　　2016年5月第3次印刷

定　　价：28.00元

作者简介

陈学刚，男，1943 年 9 月出生于河南内乡赤眉一个贫苦的农民家庭。中共党员，大学本科生物专业毕业。1962 年 6 月参加教育工作，先后在西峡城郊、米坪、双龙、教委、职专工作。1997 年 4 月晋升为养蜂专业高级讲师，在西峡职专养蜂专业任教并从事科研工作。担任河南省蜂协、南阳市蜂协的理事，西峡县蜂协常务理事兼秘书长，西峡县西华蜂业合作社监事长，《蜂友》特聘技术顾问，《世界文化名人辞海》特聘顾问、编委，《中国蜂业》特邀通讯员，老界岭蜜蜂园育种场场长。

陈学刚自 20 世纪 60 年代起，潜心研究养蜂技术，组建蜂场，先后发表著作、论文 300 余篇。他在实践中首先发现、验证出在流蜜期间用处蜂王、扣王集中外勤蜂方法组织采蜜群是极其错误的，不但不增产，反而减产蜂蜜 25%左右。打破传统的做法，利用有限幼虫作动力采蜜法能增产 30%以上，被河南省蜂协评为特等奖，南阳市政府三等奖，现普及全国蜂友应用。对全国蜂友增蜜、增收做出了应有的贡献。《适度不足是造成蜜蜂卷翅病的根本原因》被世界学术成果研究学院学术委员会、世界文献出版社的世界重大学术思考（成果）评为特等奖。为根除蜜蜂卷翅病找到了病因，挽救了全国不知多少群蜜蜂的损失。《水泥地不宜放置蜂群》等 18 篇文章被评为第二届华中地区科学技术推广大会二等奖。《中西蜂不能杂交》《土壤中微量元素硼、锰、锌的含量对植物开花流蜜的影响》被《中国科技文库》和《中国现代农业文集》共同收编，此二文又被河南省蜂协推荐给第 35 届养蜂大会进行学术交流。《土壤中微量元素硼、锰、锌的含量对植物开花流蜜的影响》一文 1997 年 2 月被俄罗斯《养蜂业》翻译利用，填补了我国此领域的空白。全国蜂友按照这一理论追花夺蜜，因此，全国蜂业不知要增产多少。他撰写的《破译杨多福养蜂谜团》一文被《蜜蜂》杂志公开网上销售。《早春四种不同繁蜂方法经济效益的比较》被《中国社会主义精神文明建设宝典》收编。《三种采蜜法效果的试验》《蜜粉源丰富时大规模一次性换王的试验》在《蜜蜂》杂志头条发表，共有15篇文章被《中国农业文摘》摘录，被全国蜂友普遍使用；《三种养蜂法效果的试验》还被《养蜂致富靠真经验》一书收录。1999年4月获“世界文化名人金像奖”，任《世界名人辞海》特邀顾问、编委。所著《最新养蜂技术》一书被南阳市政府评为科技进步二等奖，畅销全国。县、市、省电台多次播送其先进事迹，又在《蜜蜂》等专业杂志上刊登。他被多家单位邀请赴北京、东南亚、西欧等地进行学术交流，其事迹并被《中国人才库》《中国当代学者传略》《当代中国科学家、发明家》等70多种文献收录。另外，陈学刚对养蝎技术亦颇有研究，撰写的《养蝎成败在防逃》一文被中国农业大学出版社的《养蝎手册》录入。2013年又荣获西峡县特种养殖模范奖。

陈学刚创办的“老界岭蜜蜂园育种场”是河南省唯一的中蜂育种场，育出的蜂王畅销全国，对我国蜂业的发展做出了积极贡献。

闫志浩，男，汉族，河南省西峡县人。1971年8月生，1993年6月毕业于河南农业大学牧医工程学院，同年8月于西峡县畜牧局参加工作至今。2005年晋升为高级畜牧师，市、县两级学术、技术带头人。其长期和陈学刚老师一起工作在养蜂生产一线，在中蜂饲养和管理方面积累了丰富经验，多次获得省、市畜牧系统“先进工作者”称号，被县委、县政府授予“服务之星”称号。

賀陳崇剛先生《最新養蜂技術》第二集問世

蜂海探究

癸巳年春月新泉影

賀陳孚剛先生最新養蜂技術第二集出版

室中農業養蜂
益處多多

二〇二〇年十二月 芝一 陳然題

欣闻陈学刚先生又一养蜂力作问世，蜂友谨表祝贺！

龚凫羌 2013.9

（四川农业大学教授，《蜜蜂饲养原理与方法》的作者）

热烈祝贺陈学刚老师新作《最新养蜂技术》第2集出版。这是他养蜂五十年来技术的凝炼，和第1集一样有很强的可读性与操作性。该集的问世必将对蜂业技术，尤其是中蜂饲管水平有显著影响。

张中印

2015年新春

（河南科技学院蜜蜂研究所所长、试验站站长、副教授、《蜜蜂》杂志编委。）

序（一）

西峡县（原称西峡口），那是一个美丽的地方，山清水秀。抗日战争期间，我曾路过那里，印象很深。陈学刚，就是河南西峡县人，他送给我的一本《最新养蜂技术》其中提到"土壤中微量元素硼、锰、锌的含量对植物开花流蜜的影响"很有研究价值。

几十年来，我一直专注于蜜蜂饲养与生物技术的研究，尤其是在蜜蜂育种方面倾注了更多的心血。多次看到陈学刚的文章，其中有一些内容印象深刻。如"中西蜂不能杂交"、"蜜蜂浮丰富时，大规模一次性换王"、"植物开花流蜜时，利用有限幼虫做动力，可以增产30%以上"等好文章。虽然每篇文章不长，但言简意赅，内容深刻，富有创意。既有理论价值，又可指导生产实践。

陈学刚作为养蜂方面的专家，长期从事蜜蜂研究，我很欣赏他的执着。他写了许多有关的文章，现在他要汇集近期新作，准备出版第二集《技术》书，很值得期待。

蜜蜂饲养与生物技术是一门实用性强，科研价值高，生产效益好的专业技术。陈学刚长期在一线从事蜜蜂养殖与繁育工作，获得了宝贵的第一手资料。这些资料极为珍贵，对我国蜂业的发展将起到很好的作用。我期待他的新作早问世。

特以此为序，谨表祝贺。

周崧

2013年末

周崧系世界著名养蜂专家、蜜蜂育种专家、北京市农林科学院研究员、中国养蜂学会顾问，1979年曾荣获国务院授予“全国劳动模范”称号。

序（二）

十多年前，我从专业养蜂杂志上拜读过陈学刚老师有关养蜂的研究文章，开始并未引起我的特别注意。对《利用有限幼虫诱惑力组织采蜜群能大幅度增产》、《土壤中微量元素硼、锰、锌的含量对植物开花流蜜的影响》和《蜜粉源丰富时大规模一次性换蜂王的试验》等印象很深，颇想造访陈老师。2010年8月我和張中印、吴朝阳两位朋友一起前往西峡县"老界岭蜜蜂良种育种场"，这是陈老师亲手创建的，谓是河南省唯一的一个育种场。他饲养的中蜂多数加上继箱，蜜足、王新、无病害。我和陈老师一见如故，我们对中蜂育王、强群饲养进行了深入的探讨。陈老师知识渊博，为人谦和，对中蜂饲养有丰富的理论知识和扎实的实践经验。临别时将他精心编著的《最新养蜂技术》第一集一书赠给我，请我提出意见。

回学校后，我详细阅了书中每一篇文章，虽然每篇篇幅不大，但都有独到之处，有些研究成果在国内当属首创，有些还具有世界水平，颇有文献。这本书内容丰富，涉及面极广，有很强的理论实用性和可操作性，体现了陈老师长期在生产第一线兢兢业业、埋头苦干所获得的技术水平。

现在，陈老师又将新作汇编成第2集准备出版，请样寄送给我，让我提出意见并修改。经过多年的反复研究，第2集和第1集一样，又新加了原来不适应现在气候环境、蜜源条件、饲管新内容和改进机具的地方，使其养蜂技术、实践经验更加丰富、实用，理论更加完善。《最新养蜂技术》第二集一书的问世，必将促进我国养蜂业的发展。

谨以此作序，以示庆贺。

周冰峰

2013年冬

周冰峰系《中国蜂业》编委、福建农林大学蜂学院院长、教授、博士生导师。

序 三

陈学刚是我几十年的老朋友。我们经常面对面在会议上交流，又经常在养蜂专业杂志上拜读他的论文与文章，所以对他相当了解。

1999年他着的《最新养蜂技术》第1集读了以后，我受益匪浅。他经常在专业杂志上发表文章，每篇虽篇幅不长，但意义深刻，很富有创意性，既有理论，又有实践。他善于总结，能说能写，能谋划，会做会干。他有着强烈的执着精神，有超前意识，知识面广，乐于助人，心直口快……

毫不夸张地说，他是我地养蜂专业上的杰出人才，在全国也有一定的名气。我为有这样的朋友感到自豪、骄傲。

这次他又将近年来新作，要汇集成《最新养蜂技术》第二集出版发行。二集和1集一样，短小精悍，言简意赅，可综合运用，也可分开使用，新作的问世，必将对我地区，乃至全国蜂业的发展起到推动作用。我衷心期待，祝贺二集早日问世。

南阳市养蜂协会理事长 侯朝阳

2014年4月

目　录

一、养蜂入门

蜂种的选择

不少蜂友询问，养什么蜂好。这个问题不能用简单的几个字来回答，要根据当地的蜜粉源条件、气候、降水量、环境、养蜂人年龄、养蜂的目的等来确定。

如果家住在山区或丘陵，全年只有零星蜜粉源，没有大宗蜜粉源，气温又较低，养蜂人年龄又偏大，人数又少，以养中蜂为主。家住在平原，人数多，养蜂人年轻，就可养西蜂，便于追花夺蜜。如果当地全年有两个以上主要蜜粉源，就可养西蜂。高龄人对蜂有感情，养蜂的目的不在经济方面，而在陶冶情操，有个好身体，尤其是城区人，就以养中蜂为主。

养中蜂难度大于养西蜂。要养好中蜂必须在四个方面多加注意：一是要富养蜂，即巢内经常不能缺蜜，若没蜜或少蜜，蜂易飞逃；二是中蜂怕热，要经常做好防暑降温工作；三是中蜂怕巢虫（绵虫）；四是中蜂怕中囊病。只要做好这四个方面的工作，就能养好中蜂。

养西蜂，要确定蜂主产产品是什么。有的以取浆为主，有的以产蜜为主，有的以产胶为主等，如果想产蜜、取浆兼收，那就要自己来确定。若以取浆为主，就要养浆王，或浆、蜜兼并，后者产浆量就要差一些。若以产胶为主，就要养胶蜜型王。俗话说“针无两头快”，都有利弊，哪种条件具备较好，就决定自己主养生产目标。

可能有人会说，养西蜂效益高于养中蜂。这话有一定道理，但也不全对。养西蜂人太累，在追花夺蜜的过程中，蜂箱上、下车，负担实在太重，平均一箱蜂年纯收入千元以上。如果养好中蜂，年纯收入也能达到千元以上，因为中蜂蜂蜜远比西蜂蜂蜜价格贵得多。总之，二者年均箱收入差不多。

究竟养什么蜂好，要根据自身具体情况来确定。

蜂种的获得

一旦确定养什么蜂后，蜂种怎么获得呢？方法有三：

（1）自收。无论中、西蜂都可以自己收到。每年来我地放蜂者很多，尤其是刺槐开花时期，他们走后场地或多或少总会留下一些失散的乱蜂，自己就可以去收。豫西南地区野生中蜂资源丰富，可以自己把蜂箱放到特定的位置上来诱捕收获。

（2）索要。向养蜂的亲戚、朋友们索要（最好要双王群）。

（3）购买。上述两种方法如无法实现，那只得尽量少花钱购买一两箱双王群的蜜蜂。

只要精心管理，虚心学习，三五年后就能发展成为一个拥有 30~50 群蜂的蜂场了。

养好蜂的基本条件

养蜂是一项快速致富的好门路，但不是人人都能养好蜂的。例如，有的人虽有一定的技术，但不一定能养好蜂；有的人技术平平，但却能养好蜂，并有一定的经济收入。这是为什么？原因是养好蜂需要有一定的条件，符合条件的就能养好蜂，反之就不能。最基本的条件有以下五个方面：

（1）丰富的蜜粉源。蜜粉源的丰富是养好蜂最基本的物质基础。若作定地饲养，全年必须有 1~2 个大蜜粉源，且花期在 2 个月左右，全年饲养管理就以此为中心，力争取得高效益。

我地有几个年轻蜂友，看别人养蜂致富，也贷款购买了几十群蜂，准备定地大养蜜蜂，劲头十足，但他们那里全年只有一个刺槐大蜜源。由于近年来豫西南地区气候变化较大，刺槐生长很不正常，花期短，虽养蜂几年，但年年亏本，现在几乎绝种，损失惨重。我有一个姓张的学生，家住在西峡县城西边的小山之中，那里常年蜜粉源不断，我劝他养蜂脱贫，他感觉自己技术不佳，恐难养好。在我再三鼓励下，1990 年刺槐花过后，他在公路边收回外地蜂友留下的失散的乱蜂 4 脾，我给他介绍了一只新产卵蜂王，1990 年后半年就发展到 4 群 50 脾，1991 年在此基础上发展到 28 群，近 300 脾蜂，成为一个中型蜂场，并取得了年纯 5 000 元的经济收入。他的技术并不高，但他的优势就在于他的蜂场全年蜜粉源丰富，这是他养好蜂的关键。

（2）适宜的温度。蜂群的育子温度为 34～35℃，强群 7℃时开始结团，弱群 12℃结团，全年需有一半时间能适合蜂群的正常活动。凡海拔超过 2 千米的深山区，夏、秋季就较短，平均日照不足，使大部分植物光开花就是不能很好地流蜜或干脆不流蜜，若在这些区域内定地养好西蜂，是根本不可能的，技术再高也不行。

我地北山有一张姓蜂友，1990 年夏刺槐花开时，一日他来县城办事，看到外地蜂友在摇蜜，生产王浆，收购者在场等着收货付款。他灵机一动，心想山里一年花开不断，为何自己不也养蜂致富呢？于是回家筹措资金几千元，在越冬前夕购买 30 群蜜蜂运回家中。由于他住深山（海拔 2 200 米左右），又缺乏养蜂经验，越冬蜂损失一半，开春县城以下的蜂友们的蜂群早已春繁，但他的蜂群还处在越冬期，至 4 月上旬才开始春繁，比其他的蜂友起步晚了近两个月。夏、秋季蜜源植物由于日照不足，光开花就是流蜜不好，不上蜂，急得他团团转。由于严重缺蜜，影响繁殖，不得不高价购买白糖饲喂蜜蜂，来维持其生活。秋末县城以下蜂友的蜂群正在培育越冬蜂，可张姓蜂友的蜂群早已进入越冬期，这样严重影响了繁蜂。深山敌害又较多，损失严重，群数不但未增，反而在减少，且都成了弱群。张姓蜂友养蜂 3 年，损失近万元，严重影响了他家中的生活，这都是温度不适宜所造成的损失。

（3）优良的蜂种。各地区有各地区的当家蜂种，如深山区以养中蜂为主，平原、丘陵地区以养西蜂为主。前些年由于蜂王浆价较高就以养浆蜂为主，如平湖浆蜂等蜂种。后来蜂王浆价暴跌，再养浆蜂就不合算，就以养黑色系统蜜型蜂为好，如双客蜂等蜂种。另外要注意优良蜂种的培育（含优良雄蜂的培育），不能使其退化。欲养蜂的朋友们应根据实地情况，购买或选育优良蜂种。

（4）精湛的技术。技术越精越能养好蜂，在其他条件相同的情况下，技术越高其经济效益也越高，反之就低。所以，请那些欲养蜂的朋友们，多读一些养蜂书籍，如《蜂群生物学》《养蜂 600 条》《数控养蜂法》《蜜蜂饲养原理与方法》《最新养蜂技术》《养蜂手册》等，多订一些专业杂志来学习，如《中国蜂业》《蜜蜂》杂志等以增长知识，并要投靠名师，实地养蜂，后建场，由小到大，逐步扩场，使自己的技术精益求精。

（5）有一定资金。养蜂有时要投入一定资金，且不说各种各样的蜂具需要购买，即使自做一部分，但有些是自己不好或不易做的，如王笼、隔王板等。再说，蜂种的来源等也需要一定的资金。

有些蜂友技术是数一数二的。但家庭实在太困难，有时急需用钱，别人在奖饲繁蜂，他们却把自己蜂群里的口粮蜜强行取出，以摆脱眼前困境，结果蜂冻饿而死。别人在奖饲繁蜂，他们无钱购糖，结果别人在取蜜，他们却在繁蜂，贻误产蜜佳期，养蜂年年亏本。所以，养好蜂也要有一定的资金基础。

以上是养好蜂的五个基本条件，如不具备以上这些基本条件，就要人为地创造条件，如定地加小转地或流动放蜂。如创造不出饲养条件，那么就应放弃养蜂致富的念头，而寻找其他致富门路，盲目上马，到头来损失将是巨大的。

写给初养蜂的朋友们

养蜂是甜蜜的事业，但甜蜜事业之路并不平坦。尤其对初养蜂的朋友们来说，更是坎坷，一招失误，轻则损失百千，重则上万，甚至倾家荡产，永远与蜂无缘。为此，初养蜂的朋友们要特别注意以下几个方面：

（1）不要急功近利。见养蜂人发了财，不少人就跃跃欲试，不管条件如何，就仓促上马。无蜂具就买或雇人做，无钱购买蜂种，就靠贷款，蜂还没养，就欠下了不少债。自认为本大利宽，多投资就多收入，一买就是几十箱，几千元，出手不凡。由于技术不佳，很快就垮场的不在少数。初养蜂应在不花钱或少花钱的前提下办养蜂有关事宜。例如蜂种问题，以收失散的乱蜂为主，若收不来，可少花钱只购一两个双王群就可以了。边学习边扩大规模，即使失败了，也没有大的损失，还可以从中总结经验教训，再购买蜂种，再建场。

（2）不要频繁、无目的地检查蜂群。不少初养蜂的朋友，将蜂种购回后，不论天气、蜜源好坏，温度高低，无目的地一天查蜂好几回，严重干扰了蜂群的正常生活，破坏了巢内正常的温湿度，有时还招来盗蜂。笔者曾目睹几位养蜂新友的蜂群由此而发生飞逃事件，给这些朋友造成了一定的损失。

（3）不要盲目取口粮蜜。不少初养蜂的朋友认为，只要养上蜂就能获利，见蜜就取，不知取的蜜应是剩余之蜜，否则取的会是蜜蜂的口粮蜜。因而严重影响了繁蜂，冬季饿死了蜂群，还认为是冻死了蜂群，也给这些朋友带来了不必要的烦恼。

（4）要有计划地分蜂。初养蜂的朋友，不顾客观条件，不论群势的强弱，爱分蜂，一箱内不足半脾蜂，夏秋季节，蜂箱放一大片，看着蜂群不少，实则蜂不多，没有什么经济效益不说，冬天还会造成大量死蜂。

（5）喂越冬饲料晚，质量差，不奖饲。养蜂应备足越冬饲料，可是初养蜂的朋友，不懂这一点，冬天早已来到，眼看就要下雪了，可巢内没有储蜜或储蜜很少。谁知下起大雪，揭不开箱，即使灌了蜜，但是太稀，蜂易得病，也增加了工蜂的工作量，从而缩短了其生命。再者，如遇缺蜜粉季节，不奖饲，任其自然发展。这样直接影响了蜂群的发展。

（6）不注意防病治病。要遵照“预防为主，积极治疗”的方针。但初养蜂的朋友，平时不注意或不懂防病治病，一旦蜂群有病，就束手无策。例如发生农药中毒、腐臭病、白垩病、蜂螨等时，因无经验，就眼睁睁地看着蜂群死亡，也无力挽回。

（7）蜂种退化。初养蜂的朋友，一般不会人工育王，大部分用的是自然王台，或急造王台（近亲交配），蜂种严重退化，群势越养越弱，越弱越生病，经济效益极低，严重影响蜂群的发展和养蜂的积极性。

（8）盗蜂覆灭了蜂群。由于技术不熟练，饲养知识薄弱，发生了盗蜂，致死蜂遍地，也不知道原因。造成的严重损失，长期群势恢复不起来，更谈不上什么经济效益，挫伤了养蜂的积极性。

（9）过于溺爱蜂群而引发疾病。一部分养蜂新友，急于发展蜂群，敢于投资，平时奖饲、储蜜很多，也舍不得取，结果也会影响繁殖。一年四季加强保温，蜂群严重伤于热也不知道。笔者曾见一位新友，芝麻花开时还给蜂箱盖着小棉被，结果蜂群发生了严重的卷翅病，几乎垮场。霜降前就做好了箱内、外的包装（此时我地白天温度一般在18℃以上），蜂王不扣，整个冬季不断仔，无论天气好坏，工蜂满天飞，结果储蜜耗光，蜂也几乎死光，剩下的也都成为老龄蜂，严重影响翌年春繁。

以上几个方面，尤其是蜂种退化、越冬饲料不足、治螨不彻底等，务请初养蜂的朋友们特别注意。这样，才能逐步将蜂养好，才能逐步扩大规模，逐步提高效益。

与初养蜂的朋友们说几句话

我地孙姓蜂友和刘姓蜂友都是百余群1 400多脾蜂的养蜂专业大户。他们饲养的都是松丹一号蜂种，孙姓蜂友有4人进行蜂管工作，刘姓蜂友只有2人，两家技术差不多。

前年刺槐花开时，两家都在南阳同一个场地。5月7日结束流蜜，两家都在原场恢复群势。到6月8日，孙姓蜂友在此期间喂8袋饲料糖，刘姓蜂友因经济原因只喂 2 袋，少喂 6 袋（每袋 50 千克）。6 月 9 日两家同去湖北丹江口采荆条花蜜，还是同一个场地。7 月 28 日两家同时退出原场，到河南邓州去采芝麻花蜜，还是同一个场地。8 月 23 日芝麻结束流蜜，两家不说王浆等其他蜂产品，只统计蜂蜜一项，刘姓蜂友只采得 225 千克蜜，而孙姓蜂友却采得 3 775 千克的蜂蜜，其结果刘姓蜂友虽节省了 6 袋饲料糖，却少掉了 3 550 千克的蜜。

还有一位李姓蜂友家境较困难，去年他饲养了 40 多群松丹一号蜂，春繁时间邻场的庞姓蜂友有近 50 群蜂，两者蜂情大体相同，但他用稀糖水喂蜂。1 个月后庞姓蜂友用稠糖浆喂蜂，蜂群更新完毕，群势略有上升。而李姓蜂友的群势均下降 60%，而且还不同程度地患上了白垩病和欧幼病，蜂群损失惨重。像这样的实例还有很多，不再一一细说。

为什么会这样？因为高投入，蜂得到充足的饲料，育出的新蜂质量特别高，采集能力也特别强，抗逆性强。而用稀糖水喂蜂，人力管蜂粗糙，育出的新蜂质量低，采集能力差，且寿命又短，容易发病。孙姓、刘姓、李姓三蜂友育出的蜂，其实质是大不一样的。故养蜂要高投入才有高收入，不要只顾眼前利益而失长远效益。

穷养蜂还是富养蜂

张姓蜂友是我地养蜂前辈。现在不少年轻蜂友都是他的徒弟，他技术精湛，并有独到之处，按他的管蜂方法养蜂的蜂友，无一不获得高的经济效益，因此，他备受大家的敬崇。但是，直到他 1992 年去世，养蜂几十年收入却不大，尤其在他晚年定地饲养时，年年养蜂，几乎年年亏本，究其原因诸多，最主要的原因是穷养蜂。

由于张姓蜂友家境特别贫寒，蜂群该奖饲时不奖饲，不该取蜜时去取蜜，使蜂群经常处于饥饿状态，严重影响了繁蜂。其他蜂友的蜂群都加上了继箱，可他的蜂群却不满半箱。由于蜂弱，蜂体质差，寿命短，定地饲养，即使全年有一两个大蜜粉源，也采不了多少蜜；加上蜂群又易患病，蜂未垮完就是幸事，更谈不上什么增产。

若想高产，就得有健康的强群（14 脾蜂以上）组织采蜜蜂。穷养蜂是越养越弱，越弱越少，最后连蜂种也断绝了。只有做到巢内蜜粉充足，脾呈白色，才能较容易地养好蜂，只有高投入，才会有高效益。所以养蜂提倡富养蜂。

二、西蜂

蜜蜂为大白菜制种授粉效益的试验

摘要：应用大白菜自交不亲和系配制一代杂交种，在隔离区内花期投放适量的蜂群授粉，是提高大白菜杂交产量与质量的关键措施。长势中等的大白菜地块 1 334 平方米配置一箱强盛蜂群（每箱约 8 脾蜂）授粉，长势旺盛的大白菜制种地块 667 平方米配置一箱强盛蜂群授粉比较合理；这样制种区内有足量的大白菜花株保证蜜蜂群有稳定的花源采粉，可提高大白菜杂交制种产量 70% 以上，使用该项技术生产的大白菜杂交种的子质量经省、市鉴定，达到国标一级种子标准。

关键词：蜜蜂授粉　大白菜　杂交制种　产量质量

引言：大白菜的花器构造极适于蜜蜂及其他昆虫传粉。试验结果表明：蜜蜂授粉能提高大白菜杂交制种产量 70% 以上。应用大白菜自交不亲和系配制杂交种时，关键在于双亲本的花粉粒能否相互落到雌蕊的柱头上而授精结实。蜜蜂是可控制的最基本的、最理想的传粉昆虫，一只蜜蜂每天出动几十次，每分钟能采集 30 余朵花，可以携带数以万计的花粉粒，在采粉过程中，自然地把花粉带到不同品种或不同亲本的雌蕊柱头上，完成授精，结出杂交种。利用蜜蜂授粉配制大白菜杂交种的区域性极强；在伏牛山南坡亚热带北缘向暖温带过渡的自然生态条件下，在隔离区域内，用蜜蜂为配制大白菜杂交种授粉的效果如何呢？在一定范围内投放多少蜂群最好？我们在河南省农业科学院园艺研究所栗根艺、杨建平博士的指导下，于 1993～1995 年进行配制大白菜杂交种投放蜂群授粉对产量、质量的试验，得到明显的效果，并掌握了应用规律。1996 年以来我们把蜜蜂授粉技术应用于配制大白菜杂交制种生产，取得了显著的经济效益，现将其试验和应用效果报告如下。

1. 材料与方法

（1）试验地点、面积、蜂种、蜂群量。本项研究于1993~1995年连续3年在试验基地隔离区内进行，根据配制大白菜杂交种亲本的田间发育长势，每年的3月中旬到4月下旬在丹水镇北凹村200 100平方米豫白七号制种田，西坪镇方家沟村220 110平方米早熟五号制种田，重阳乡八庙村240 120平方米豫白七号制种田和回车镇东沟村186 760平方米豫早一号制种田先后有625箱蜜蜂参与847 090平方米制种田授粉试验。蜜蜂品种为群势中等的沈育初浆王蜂种，该蜂种恋巢性较强，在野外环境气温偏低或偏高的情况下都能适应环境变化而进行正常授粉。

（2）试验方法。

1）试验设667平方米制种田，投放一箱蜜蜂授粉；1 334平方米制种田投放一箱蜜蜂授粉；2 001平方米制种田投放一箱蜜蜂授粉；2 668平方米制种田投放一箱蜜蜂授粉；以不放蜜蜂靠自然授粉为对照。大白菜制种田蜜蜂授粉试验地块的耕作、施肥、播期和移栽时间、亲本配置行比、密度和管理技术指标均一致。

2）蜂群管理：为管理方便，均使用上年芝麻花期培育出的浆蜂王群；巢箱底有底窗，蜂的密度为早上6时，从沙盖往下看，以见不着框梁为度，每箱均放8脾蜜蜂，一边有一个隔板，撤出巢内所有粉脾，有4个子脾，其余为空脾；按计划将蜂群备好，于3月中上旬分别将蜂群运往制种隔离区投放进行授粉试验。

3）授粉蜂群的管理：蜂群投放于制种隔离区内，当时一般气温在8~18℃范围内，在蜂箱底围铺麦草保温，朝阳排放，延长阳光照射蜂箱的时间，增加箱内温度，促使蜜蜂在低温条件下能多出勤采粉；从授粉开始，在蜂群授粉期间白天全天脱粉，夜晚进行补饲食用蔗糖，糖水比为1:1，隔日在大盒内灌满糖水，小盒内装满洁净水，供蜜蜂食用。每周整巢一次，巢内始终保持8个脾，封盖子脾不带蜂抽出另做处理，换入空脾供蜂王产卵。谷雨后除去蜂箱的围铺麦草，并在蜂箱上加盖草苫，防止阳光直射蜂箱，当温度不断升高后，还应打开箱底通风板，降低巢温，保证蜂群正常出勤采集。

4）撤蜂：4月中下旬以后大白菜制种田花期进入终花后期，此时蜜蜂已完成授粉工作，为防止隔离区内粉源不足，蜜蜂远摄带入外界同类作物的花粉，造成生物学混杂，4月下旬制种区内亲本接近终花期时，立即将蜜蜂迁移撤出隔离区。撤出蜂群后，应及时检查摘除隔离区内亲本晚发的植株和倒伏植株的二茬花枝尾花，以防散粉混杂。

2. 结果与分析

（1）对产量构成因素的影响效果。在大白菜植株偏上部籽粒变白、变硬时即收获。3 年试验结果，试验小区和大面积实产调查见表 1A。

表 1A　配制大白菜杂交种蜜蜂授粉试验产量结果

试验时间	基地面积（平方米）	品种名称	授粉蜂群产量结果（千克/667 平方米）				
			2 668 平方米一箱	2 001 平方米一箱	1 334 平方米一箱	667 平方米一箱	对照（667 平方米）
1994 年	丹水北凹村 200 100 平方米	豫白七号	50. 6	71. 2	77. 5	88. 3	35. 5
1995 年	西坪方家沟 220 110 平方米	豫白一号	79. 1	97. 8	101. 8	119. 1	48. 7
1996 年	重阳八庙村 240 120 平方米	豫白十一号	101. 3	116. 5	134. 7	166. 3	51. 6
平均			77	95. 8	104. 7	124. 6	45. 3
较对照增产（%）			70	111. 5	131. 1	175. 1	-

结果表明：在隔离区内配制大白菜杂交种花期投放蜜蜂授粉能够显著提高制种产量。以 667 平方米制种田投放一箱蜜蜂授粉产量是 124. 6 千克，产量最高，较对照区 667 平方米产 45. 3 千克增产 175. 1%；1 334 平方米制种面积投放一箱蜜蜂授粉，平均 667 平方米产量是 104. 7 千克，较对照区增产 131. 1%；2 001 平方米制种面积投放一箱蜜蜂授粉，平均 667 平方米产量是 95. 8 千克，较对照区增产 111. 5%；2 668 平方米制种面积投放一箱蜜蜂授粉，平均 667 平方米产量是 77 千克，较对照区增产 70%。

试验结果对产量构成因素分析：在隔离区内配制大白菜杂交种花期投放蜜蜂授粉，结实植株较对照区单株有效角数增加，单角有效粒增加、千粒重增加、单位面积产量增加，见表 1B。

表 1B　配制大白菜杂交种蜜蜂授粉对产量构成因素的影响表

处　理	单株有效角数（个）	角有效粒数（个）	千粒重（克）	（千克/667 平方米）
667 平方米一箱蜂	1 362	18.2	3.0	185.9
1 334 平方米一箱蜂	1 120	18.0	3.0	151.2
2 001 平方米一箱蜂	1 048	17.0	2.8	124.7
2 668 平方米一箱蜂	801	16.0	2.7	86.51
对照	629	12.6	2.6	51.5

以 667 平方米制种地花期投放一箱蜜蜂授粉单株有效角数 1 362 个，较对照组多了 733 个；角有效粒数 18.2 个，较对照 12.6 个，增加 5.6 个；千粒重 3.0 克，较对照 2.6 克增加 0.4 克。结果表明：蜜蜂为大白菜制种授粉，在一定范围内投放蜜蜂密度的增加，使得单株有效结角数量增加，单角有效粒数增加，千粒重增加。说明在盛花期蜜蜂授粉，大白菜生殖生长旺盛，植株营养充足，温度适宜，花粉生活力旺盛，授粉、授精结实率高，是角数和粒数增加的主要因素；投放蜜蜂量少，授粉率低，结实性差，加之授粉期向后推迟，白菜亲本植株生殖、生长下降，花枝、花朵萎缩失去授精能力不能结果；继续分生花枝开花，角粒退化，营养失调，无效新枝增加，粒重下降。

（2）对种子质量影响效果。收获种子经河南省农业科学院园艺研究所和南阳市种子管理站，连续 3 年抽样鉴定结果：667 平方米制种田一箱蜜蜂授粉的品种纯度为 99.5%，幼苗鉴定发芽率为 98.2%；1 334 平方米制种田一箱蜜蜂授粉的品种纯度为 98.9%，幼苗鉴定发芽率为 97.6%；2 001 平方米制种田一箱蜜蜂授粉的品种纯度为 97.3%，幼苗鉴定发芽率为 92.8%，达到中华人民共和国国家标准 GB 16 715.2—1999 国标一级种子标准；2 668 平方米制种田一箱蜜蜂授粉品种纯度为 96.0%，幼苗鉴定发芽率为 90.1%，达到中华人民共和国国家标准 GB 16 715.2—1999 国标二级种子标准。对照区品种纯度 92.0%，幼苗鉴定发芽率为 90.0%，属于不合格种子。因此，这与田间生长发育适宜授粉期密切相关，纯度差的种子制种区隔离虽然严格隔离空间在 2 000 米，但自交不亲和系在授粉期间不利因素条件下本身出现异常授粉现象和其他原因所致（表 1C）。

种子抽样鉴定品种纯度和幼苗发芽率结果说明：大白菜制种在隔区内单位面积产量高，则品种纯度高，种子发芽率高；随着单位面积产量的下降，品种的纯度降低，种子的发芽率降低。

表 1C　种子质量鉴定

处　理	品种纯度（%）	幼苗芽率（%）
667 平方米一箱蜂	99.5	98.2
1 334 平方米一箱蜂	98.9	97.6
2 001 平方米一箱蜂	97.3	92.8
2 668 平方米一箱蜂	96.0	90.1
对照	92.0	90.0

3. 结语与讨论

（1）配制大白菜一代杂交种利用蜜蜂授粉是提高产量、质量的有效措施。1996 年以来，我们把该技术应用到万亩大白菜杂交制种生产，产生了显著的社会经济效益。1998 年通过了省、市科技鉴定。应用该项技术平均 667 平方米增加经济效益 800 元左右，技术操作简单，社会经济效益显著。

（2）利用蜜蜂授粉是提高大白菜制种产量、质量的一项技术措施，在应用上要掌握蜜蜂的生物学特征、活动规律及大白菜亲本开花授粉的特点，制定有效的防杂保纯措施，既利用蜜蜂有利传粉提高产量的一面，又控制它易带来混杂不利保纯的一面，以便生产出纯度高、质量好的一代杂交种子。实践中配置大白菜一代杂交种利用蜜蜂传粉应掌握以下原则：①制种区的自然空间安全隔离要求 2 000 米。由于蜜蜂可飞越各种障碍，所以河流、山坡、树林、村庄均不得视为屏障而缩短安全隔离距离。②蜜蜂进入制种区前必须彻底完成大白菜亲本花期前的去杂、去劣，而后将蜂群转入投粉。③为使蜜蜂不致因携带杂粉转到制种区时对身上存留的大量花粉而造成制种混杂，转入制种区内的蜂群必须关箱饲喂 5 天，以便蜜蜂身上携带的杂花粉消耗和死亡，确保进入隔离区内的蜜蜂身上比较纯净。④控制蜂群数量。制种田蜂群数量的多少，直接关系蜂群在田间的稳定性，如果蜂群不足会影响授粉效果；蜂群拥挤，粉源不足，就会使蜂群远飞采粉，将隔离区外的杂粉带入制种田，造成混杂。所以，适当的蜂群数量是确保制种产量和质量的技术措施，一般长势中等的制种田块，1 334 平方米面积配置一箱强盛蜂群授粉；长势旺盛的制种田块 667 平方米面积配置一箱强盛蜂群授粉，这样就能保证在正常花期有足够粉源供蜜蜂采食，又能保证蜜蜂充分授粉，提高制种产量与质量。⑤适时转出蜂群。当隔离区内大白菜亲本花枝接近终花末期时，蜂群授粉工作已经完成，为防止隔离区内亲本晚发株的二茬花和因隔离区内花粉不足，蜜蜂远距离采粉而引起混杂，所以制种田花枝接近终花末期时要及时把蜜蜂转出隔离区，以确保种子质量。

蜜蜂采玉米花粉试验初报

摘要：影响蜜蜂采玉米花粉率高低的因素诸多，如气温、湿度、降水量、风、蜂种、土壤、辅助蜜粉源等。但主要是与蜂群密度大小有关，密度与采粉率成正比，与采粉量成反比；与玉米品种有微妙关系，品种不同，采粉率不同；最主要是与空气污染、有毒粉尘降落在该花上有直接关系；基本不受玉米包衣药液残留的影响。

关键词：花粉　蜜蜂　采粉率

引言：近年来蜜蜂不采玉米花粉的情况时有发生，报纸、杂志亦有报道。不少专家、学者、蜂友认为其是受空气、粉尘影响所致，也有人认为是受玉米种包衣药液残留的影响。带着这些问题我们进行了初步试验，基本弄清了事实真相。现初报如下：

1. 试验时间、地点、蜂种、群数

2003 年春天至 2004 年夏天，在距西峡县城仅 1 千米、附近有较多工厂的五里桥乡大桥沟村沟口（为乙组）；在远离县城与公路、又无什么工厂的该县回车镇吴岗村油房沟组坡沟内（为甲组），用的是沈育初老师的浆蜂（因沈浆蜂浆高产，采粉率高）。2003 年夏、秋两处各种 3 个玉米品种，2004 年春各种 3 个玉米品种。2003 年每组每期各 10 群 280 脾蜂，全年共 40 群 500 脾蜂与 2004 年每组各 10 群共 50 群 420 脾蜂做试验。蜂王均为当年油菜花期培育出的新王。

2. 试验过程

（1）场址的选择。乙组：附近有较多工厂冒烟、河水有些不清，受空气、粉尘影响。甲组：空气新鲜、河水清、不受空气和粉尘影响。距甲、乙组 200 米处各租 30 平方米的土地用作试验。

（2）选种。2003 年春从县城种子公司购丹玉 13 号玉米包衣种子若干。又派人员到北山区寻找丹玉二、三代包衣种子若干备用。2004 年春用新单 22 号玉米包衣种子若干、丹玉二代玉米包衣种子若干，另外，从蜜蜂杂志社王俊辉老师处得到老玉米品种备用。

（3）2003 年春季。

1）下种：甲、乙两组的土地平均分为 3 份，于 2003 年 3 月 15 日上午两处各 3 份分别种上丹玉 13 号玉米包衣种子，二、三代丹玉 13 号玉米包衣种子各 30 株。

2）田间管理：施肥、除草、灌溉等技术一样。

3）始花：5 月 23 日，甲、乙两组处 3 种玉米始花。

4）组群：5 月 23 日下午在陕西商南富水放蜂的笔者进行组群。将群内所有粉脾、卵脾取出，巢箱内只留 4 个幼虫脾、2 个空脾，继箱内各留 2 个封盖蜜脾与老子脾，4 个空脾，下 6 上 8 共 14 脾蜂，继箱强群 20 个，共 280 脾蜂，随即装车于当夜运至甲、乙两组处。

5）授粉：派人在两处从 5 月 23 日早晨~5 月 30 日日落观察、记录蜜蜂采粉情况。附近全年有辅助蜜粉源，2 500 米之内有其他蜂群。

（4）2003 年夏季。

1）购地：6 月 6 日下午，在距甲、乙两场地 300 米处又各租 30 平方米土地，用作试验田。

2）下种：两处又平均分为 3 等份（每份 10 平方米）。6 月 5 日上午分别种上述 3 个品种，各种 30 株。

3）田间管理：施肥、除草、灌溉等技术一样。

4）始花：7 月 25 日两处 3 个品种的丹玉 13 号玉米始花。

5）组群：7 月 24 日下午在距两处 60 千米的本县太平镇山区组群。方法、群数与夏季组群一样。当夜运进甲、乙两处蜂场内。

6）采粉：派人员从 7 月 25 日早晨至 8 月 1 日日落观察蜜蜂采粉情况。

（5）2004 年春季。

1）场址的选择：2004 年春在上年的两处原地租地各 60 平方米，每处平分 3 等份备用。

2）选种：从河南省西峡县种子公司购新单 22 号玉米包衣种子若干，二代丹玉玉米包衣种子若干，老玉米（不包衣）种子若干备用。

3）下种：3 月 16 日下午两处每份分别种上上述 3 个品种各 60 株。

4）田间管理：施肥、除草、灌溉等技术一样。

5）始花：5 月 21 日，甲、乙两组处 3 种玉米始花。

6）组群：5 月 19 日下午在陕西省商洛市放蜂的笔者进行组群，方法同 2003 年春季。继箱强群 60 群，共 840 脾蜂，随即装车，当夜运至甲、乙两组处。

7）采粉：派人员从 5 月 21 日~5 月 27 日观察蜜蜂采粉情况。附近无辅助蜜粉源，2 500 米之内无其他蜂群。

3. 结果

一年半来蜜蜂采玉米花粉效益统计见表 2A。

表 2A　一年半来蜜蜂采玉米花粉效益统计表（单位：只）

只数 品种 组季		2003 年			2004 年		
		包衣	二代	三代	包衣	二代	老品种
甲	春	47	65	72	62	65	68
	夏	12	19	25			
	平均	29.5	42	48.5			
	百分数（%）	33	61.8	71.3	91.1	94.1	100
乙	春	5	8	11	25	28	29
	夏	0	3	5			
	平均	2.5	5.5	8			
	百分数（%）	3.7	8	11.8	36.8	41.1	42.6

百分数的计算方法是：以不受污染、有毒粉尘影响的老品种玉米受粉率为 100%，其他品种的与此比较得出相对百分数，即用各品种春夏采粉的平均只数除以采不受污染及有毒粉尘影响的老玉米品种的只数再乘以 100%。

从表 2A 可看出，在极少受空气、粉尘的影响下，蜜蜂采玉米包衣种子花粉年均株均日次 29.5 只；蜜蜂采第二代玉米包衣种子花粉（即第二年用第一年包衣玉米种子生产的玉米作为种子）年均株均日次 42 只；蜜蜂采第三代玉米包衣种子花粉（即用二代包衣玉米种子生产的玉米作种子）年均株均日次 48.5 只。2004 年春在无辅助蜜粉源、2 500 米之内无其他蜂群的情况下，又改变了包衣玉米品种（用吐粉较多的新单 22 号），在无污染的情况下，包衣种子株均日次为 62 只，二代为 65 只，不包衣老品种株均日次为 62 只。在受空气、粉尘的影响下，蜜蜂采玉米包衣种子花粉年均株均日次为 2.5 只，蜜蜂采第二代玉米包衣种子花粉年均株均日次为 5.5 只。2004 年春采包衣新品种株均日次为 25 只，二代包衣 28 只，不包衣老品种为 29 只。蜜蜂采三代玉米包衣种子，花粉年均株均日次为 8 只。以不受空气、粉尘影响，以蜜蜂采不包衣老品种玉米种子花粉率为 100%。2003 年在极少受空气、粉尘的影响下，采玉米包衣种子花粉率为 33%；采二代玉米包衣种子花粉率为 61.8%，采三代玉米包衣种子花粉率为71.3%。在受空气、粉尘的影响下，采玉米包衣种子花粉率为3.7%；采二代玉米包衣种子花粉率为8%，采三代玉米包衣种子花粉率为11.8%。2004年春在极少受空气、粉尘的影响下，采玉米包衣种子的花粉率为91.1%，采二代玉米包衣种子花粉率为94.1%。

4. 分析、讨论与建议

从实验中可以看出：

（1）在不隔离的情况下，由于春种玉米较少，外界花粉也较少，故蜜蜂采粉率高。夏季种玉米的农友较多，外界花粉较多，故蜜蜂采粉率较低。

（2）采粉率的高低与蜂群数量有关（2 500米之内有无其他蜂群），采粉率与蜂群数量成正比，与采粉量成反比。

（3）蜜蜂采玉米花粉率的高低与玉米品种有关，凡用含糖量较高的种子，如新单22号，吐花粉量就较多，此品种蜜蜂采粉率就较高。

（4）蜜蜂采玉米花粉率的高低，主要受空气污染、有毒粉尘降落在该花上的影响。

（5）基本不受包衣种子药液残留的影响。

故蜂友们选择蜂场要远离工厂，尤其在河水品质不高的地方，不要设蜂场，否则会影响蜜蜂采食用水；尽量避开公路沿线（一般公路两侧工厂较多）设蜂场，同时建议有关部门要注重环保工作。

探索蜂群巢继箱颠倒饲养的效果

近年来部分蜂友认为，巢继箱颠倒饲养（即用继箱繁殖，巢箱生产）能够使蜂蜜增产。其原因是：工蜂不通过隔王板直接将蜂蜜储存到巢箱里，省去了上隔王板的麻烦，以最短的时间完成储蜜。这样工蜂可以多出勤、多采蜜，达到增产增收的效果。为了验证其真实性，笔者用了2年时间进行试验、探索，现将情况报告于后，供参考。

1. 试验时间与地点、蜂种、群数

2007年6月15日至7月20日在本地荆条花期，用中、意蜂各16群进行试验。2008年在上述地点同时间内，用同样的蜂种、群数重复试验。蜂王均为上年芝麻花期培育的。为试验方便，均为单王群。

2. 试验过程

（1）荆条花期。2007 年 6 月 15 日上午，挑选满巢箱的中蜂 16 群，每群 12 脾蜂，分 1、2 两个小组，每小组 8 群；挑选 16 群满巢箱（10 脾蜂）的意蜂蜂群，分为 1、2 两个小组，每小组 8 群蜂。

巢箱生产，继箱繁殖：将第 1 小组每群的 4 张老子脾留在巢箱中间（老子脾上的蜂王很快出完，形成空脾，便于生产），两边加隔王板；升上继箱，巢继箱间加隔王板。将 6 张带王蜂的脾放入继箱内，各加 1 个巢框，供造脾使用，在两边加隔板。

巢箱繁殖，继箱生产：将第 2 小组每群的 4 张老子脾放入继箱中间，两边加隔板，6 个带王蜂的脾留在巢箱中间，两边各加 1 个巢框，供蜜蜂造脾；升上继箱，巢继箱间加隔王板，作为对照组。

用常规办法管理蜂群。

取蜜共 3 次，分别在 6 月 20 日上午、6 月 30 日下午、7 月 15 日下午。用摇蜜机摇取生产区内的蜂蜜，将各小组的蜂蜜分别称重，结果见表 3A。

（2）芝麻花期。7 月 20 日夜晚进入芝麻花场地，将上述 4 小组试验群放置一处进行试验。

用常规办法管理蜂群。

取蜜共 4 次，分别在 7 月 28 日上午、8 月 4 日上午、8 月 10 日上午和 8 月 15 日早晨，用摇蜜机摇取生产区内的蜂蜜，将各小组蜂蜜分别称重，结果见表 3A。

2008 年，按照上述地点、花期、群势、摇蜜方法重复试验。结果见表 3A。

表 3A　巢继箱颠倒饲养生产蜂蜜的效益对比

蜂蜜产量（千克）		2007 年群均		2008 年群均		合计	组均
		荆条	芝麻	荆条	芝麻		
中蜂	1 小组	0.9	1.4	0.7	1.5	4.5	1.1
	2 小组	12.1	22.4	23.0	12.0	69.5	17.4
西蜂	1 小组	11.0	15.1	19.0	24.9	70.0	15.0
	2 小组	61.5	104.4	121.1	129.5	406.5	104.4

3. 讨论

从表 3A 的数据中，我们可以看到：中蜂第 1 小组（巢箱生产组）群均产蜜 1.1 千克，第 2 小组（巢箱繁殖组）群均产蜜 17.41 千克，两组合计在巢箱生产蜂蜜群均 92 千克，西蜂第 1 小组（巢箱生产组）群均产蜜 15.0 千克，第 2 小组（巢箱繁殖组）群均产蜜 104.4 千克，两组合计在巢箱生产蜂蜜群均 59.7 千克。

众所周知，无论什么蜂，储蜜都是向上的。但中蜂随王性特强，蜜储在子脾上部，少数在左右部，无子脾上很少，甚至不储蜜，所以第 1 小组巢箱很少储蜜；第 2 小组虽然是繁殖区，但储蜜很多（因有子脾）。蜜和子不分离，饲养形式反而无关紧要。西蜂储蜜向上性特强，第 1 小组巢箱虽是生产区，即使空脾也很少储蜜；第 2 小组巢箱是繁殖区，储蜜也极少，蜂和子是可以分离的。故此认为：工蜂不通过隔王板省时间，巢箱生产，从道理上讲合情合理，实际却行不通。从而说明西方蜜蜂用颠倒饲养是不行的。

我的结论是：中蜂颠倒饲养意义不大，蜜和子不能分离，无须采用。西蜂在巢箱生产蜂蜜，产量极少，不能颠倒饲养，升继箱能大幅度增产蜂蜜。

西峡县城区养蜂的可行性研究

摘要：笔者进行了西峡县城区 5 个不同地点的养蜂试验。结果表明：意蜂从群均蜂量 3 千克降低至 1.92 千克，减少了 1.08 千克，全年未得蜜量，已失去饲养价值；中蜂从群均蜂量 1.5 千克降低至 1.09 千克，净损 0.41 千克，有的蜂群夏秋逃亡，蜜量仅为 0.68 千克，饲养价值不大。因此，该县城区除西侧可适当养蜂外，其他地区不适宜养蜂，这主要是受水源、空气污染所致。

关键词：城区养蜂　意蜂　中蜂　蜂量　蜜量

引言：生活在城区的个人和集体拥有的花卉较多，可利用其蜜粉源养殖蜜蜂。城区养蜂不仅可获得蜂产品，而且可陶冶情操，使离退休人员安度晚年，食用自产蜂蜜、王浆可使身体康健，延年益寿，还能获得一定的经济效益，对个人、家庭、集体百利而无一害。为了探讨西峡县城区养殖蜜蜂的可行性，笔者于 2002~2005 年进行了城区养蜂试验。

1. 材料与方法

（1）试验地概况。西峡县处于亚热带向暖湿带过渡地带，属北亚热带季风区大陆性气候，气候温和，降水量适中，光照充足，年均气温 15.1℃，年均降水量 800 毫米左右，年均无霜期为 236.2 天，年均日照 2 019 小时。该气候条件非常适宜油菜种植和养殖蜜蜂。笔者将城区养蜂试验安排在西峡县城区，该区面积15平方千米，人口近9万。西靠灌河，水质良好。北靠五里桥乡，基本是稻田，东、南两侧为小山坡，夹带小平原。除西侧外，其他三面工厂较多，污染较为严重。全城水源实现自来水化。

（2）试验设计。在西峡县城区内东、西、南、北、中5个方位分别放置蜂群。东侧：放在距城区中心2 000米的笔者二楼平房顶上；西侧：放在距灌河350米、距城区中心11 300米的孙姓蜂友二楼平房顶上；南侧：放在距城区中心1 500米的王姓蜂友二楼阳台上；北侧：放在距城区中心2 500米的杨姓蜂友院内的地面上；中心：放在谢姓蜂友的二楼阳台上。每个点均放置本地意蜂2群、中蜂1群，蜂王均为上年荆条花期培育的新王。

（3）试验过程。

1）准备：2002年在距县城40千米的重阳（西峡县内）柳孟头花期开始培育越冬蜂，为试验方便，均为单王群，用奖饲形式，有意识地使参加试验的10个意蜂继箱群和5个中蜂群，子脾分别达到8张与5张。9月28日，意蜂开始扣王断子，10月中旬查越冬饲料，不足者，在2~3天内补足，10月25日下午将用作试验的15群蜂分别抖入袋内，扎口称重，意、中蜂量分别达到3千克、1.5千克，不足部分，由其他群一次性补足，卡好蜂群，关巢门待运。当夜按上述地点分别放置，意蜂用继箱越冬。3年来笔者均用常规法管理蜂群。

2）观察：2002年11月5日，除西侧点外，其他4处的意蜂开始出现爬蜂现象，用爬蜂康治疗，隔日1次，共治6次均无效，蜂死后吻伸出，似中毒状。2003年立春整巢时，速抖蜂入袋内称重。

3）奖饲：①意蜂：2003年2月5日开始内外包装，一脾开繁，用奖饲形式繁蜂，但爬蜂依旧，按上述方法治疗均无效。3月5日撤去内包装，3月18日撤去外包装，4月21日到刺槐花场地时，称重蜂量和储蜜。②中蜂：2003年2月4日简单只做外包装，内不包装，将全部老脾割掉，抖蜂入袋内称重。巢内一侧，只留2个空框架，当夜奖饲，促蜂造新脾开繁。

（4）刺槐花后蜂情。

1）意蜂：西侧点在刺槐花中期一次性升上继箱，巢箱6个脾，70%的子脾，折合约子脾4个，继箱放4个空老好脾，储蜜。

2）中蜂：西侧点在巢内又增加2个空框架，供蜂造脾使用。用摇蜜机取蜜，同时抖蜂入袋内扎口称重。

（5）秋季蜂情。2003年8月19日上午分别抖蜂入袋内扎口称重，统计。

2004年、2005年用相同的蜂量在上述各点再进行试验，用同样的方法、在基本相同的时间进行抖蜂称重与取蜜。

2. 结果与分析

试验结果见表4A。

从表4A可以计算出年季群均蜂量及蜜量（表4B）。

表4B 西峡县城区不同方位养蜂3年群均蜂量与蜜量（千克）

季节	蜂量		蜜量	
	意	中	意	中
冬	3	1.5	0	0
夏	1.79	1.38	4.42	1.6
春	1.59	1.49	0	1.2
秋	1.92	0	0	0.68

表4A、4B表明，西峡县城区养蜂意蜂量和中蜂量随时间增加而减少，呈反比关系，尤以意蜂损失最为严重，已无饲养的经济价值。中蜂到第2年秋开始出现死蛹病，用姜糖水治疗，虽病情得以控制，但元气大伤，甚至逃亡，损失惨重，即使不逃亡，饲养的经济价值也不大。但靠西侧灌河边试点却不同，能较好地饲养，且有一定的经济效益。

3. 讨论

试验结果表明，西峡县城区养蜂意蜂量和中蜂量随时间增加而减少，呈反比关系，尤以意蜂最为严重，已无饲养的经济价值。中蜂到第二年秋有逃亡现象，即使不逃亡，饲养经济价值也不大。但靠西侧灌河边试点却不同，能较好地饲养，且有一定的经济效益。原因是西侧点紧靠灌河，空气、水质均未受污染，而其他4个点附近分布较多工厂，无论水质、空气都有不同程度的污染现象。由于全区自来水化，蜂饮水全是地面上的污水，故从上年立冬试验开始到第二年立冬结束，常年水质、空气都遭污染，蜂死亡不断。夏、秋天气炎热，污染更为严重。同时由于城区蜜粉源有限，繁蜂与采蜜期间，供不应求，即使蜂未死亡，基本也无经济收入。由于中蜂土生土长，抵抗力比意蜂强得多，所以受损较轻。若在西峡县养蜂，一定要注意上述两方面的影响，最好养殖中蜂，但要在蜂箱附近设置清洁食用水，供蜂采食，缺蜜时，及时补饲。

表 4A　西峡县城区不同方位养蜂试验结果（千克）

年份	季节	东				西				中				南				北			
		蜂量		蜜量		蜂量		蜜量		蜂量		蜜量		蜂量		蜜量		蜂量		蜜量	
		意	中	意	中	意	中	意	中	意	中	意	中	意	中	意	中	意	中	意	中
2002 年	冬	3	1.5	0	0	3	1.5	0	0	3	1.5	0	0	3	1.5	0	0	3	1.5	0	0
2003 年	夏	1.52	1.5	0	0	3	1.5	0	0	1.45	1.42	0	0	1.48	1.38	0	0	1.51	1.38	0	0
	春	1	1.4	0	0.5	2.41	1.3	10	3	1.11	1.91	0	0	0.87	1.9	0	0.4	1.38	1.91	0	2
	秋	0.5	0.9	0	0	3.25	2.02	1.5	4	0.7	1.4	0	0	0.91	1.4	0	0	1.2	1.7	0	1
2003 年	冬	3	逃	0	0	3	1.5	0	0	3	1.5	0	0	3	1.5	0	0	3	1.5	0	0
2004 年	夏	1.62	105	0	0	2.48	1.32	9	2.5	1.71	1.31	0	0	1.2	1.39	0	2	1.61	1.45	0	2
	春	0.9	1.4	0	0	3.15	2	3.5	3	1.5	1.6	0	0	1.57	1.2	0	0	2	1.1	0	0
	秋	0.4	1.2	0	0	3	2.1	0	0	0.7	逃	0	0	0.81	0.9	0	0	0.8	0.9	0	0
2004 年	冬	3	逃	0	0	3	1.5	0	0	3	1.5	0	0	3	1.5	0	0	3	1.5	0	0
2005 年	夏	1.7	1.5	0	1	2.8	1.4	0	2	1.4	1.2	0	0	1.6	1.3	0	0	1.61	1.2	0	0
	春	0.8	1.21	0	0	3.1	1.9	6	2.6	0.8	1.11	0	0	1.2	0.9	0	0	1.28	1.8	0	0
	秋	0.41	1.1	0	0	3.7	1.8	4	2	0.41	逃	0	0	1	逃	0	0	1.1	1.2	0	0
3 年各项合计	冬	9	4.5	0	0	9	4.5	0	0	9	4.5	0	0	9	4.5	0	0	9	4.5	0	0
	夏	4.84	4.04	0	1.5	7.69	4.02	57	20.6	4.56	3.93	0	0	4.8	4.07	0	2	4.73	4.03	0	2
	春	2.7	3.3	0	1.5	9.5	5.92	24.5	9.6	3.42	4.62	0	0	3.64	4	0	2	4.66	4.61	0	5
	秋	1.31	0	0	0	10.2	6.1	14	5.4	1.81	1.4	0	0	2.72	2.3	0	0	3.1	3.8	0	1

注："意"为"意蜂"，"中"为"中蜂"。下同。

用生物加工特种药用蜂蜜或巢蜜效益的试验初报

摘要：在非流蜜期将无污染的普通蜂蜜稀释为35~36波美度的稀蜂蜜，按比例将需要的中草药材浓缩液（如六味地黄液，从银杏叶、杜仲叶中提取的黄酮等）兑入其内，让蜜蜂二次加工为特种药用蜂蜜或巢蜜，可由国家规定的8.3酶值增加到16.9，增长率为104%，从而大大提高了蜂蜜的经济效益，更重要的是成为人们防病治病的高级保养品，成为中草药丸更新换代的最佳品牌。且群势不下降，还有所上升，充分利用了非流蜜期蜂群的增殖（不误大流蜜期的采集），是百利无一害的生物工程。

关键词：生物加工　特种药用蜂蜜或巢蜜　效益

引言：随着社会经济的发展、人民生活水平的提高，其健康水平有更新更高的要求。能否由原来的中药丸改变为特殊药用蜂蜜或巢蜜，既为高级营养品，又能防病治病呢？这是人们梦寐以求的事情。通过多年的试验，让蜜蜂二次加工成各种需用的特种药用蜂蜜或巢蜜，填补了我国的空白。现将试验效益报告如下。

1. 试验时间、地点、蜂种、群数

1999~2000年，在各年的5月10日~5月30日（非流蜜期）在河南省内乡县蜂业公司端东蜂场和西峡县陈学刚蜂场各20个继箱强群，每群14脾蜂，共560脾蜂参加试验。蜂种为本地意蜂。

2. 试验过程

（1）选择蜂群。1999年5月10日上午分别在端东蜂场和陈学刚蜂场内，各选择20个继箱强群供做试验，分甲、乙两组，每组各10群，甲方生产特种药用蜜，乙组生产特种药用巢蜜。为试验方便均为单王群，蜂王为上年芝麻花期培育的老王。

（2）整巢。甲组：将试验群原巢脾抖蜂去掉，巢箱内换入预先准备好的6个带有1/3封盖蜜脾和1个整粉脾，共7个脾。继箱内放7个空老好脾，上下脾对称，巢、继箱间放隔王板组。乙组：巢箱布巢法如甲组巢箱布巢法，继箱内放5个预先准备好的空巢蜜框（框内装21个空巢蜜盒），巢脾上下对称，巢继箱间放隔王板。

（3）稀释普通蜂蜜。将普通蜜兑入洁净水稀释为35~36波美度的稀蜜蜂吸食）。

（4）兑入中草药浓缩液，在上述稀蜜中，按比例兑入需用的中草药浓缩液，用洁净棒搅匀。

（5）饲喂。当夜将这种稀蜜用大巢盒饲养器，从巢门处喂蜂，由专人负责，器内保持充足稀蜜供蜂吸食，天明停喂，收盒，严防盗蜂。

（6）取蜜。时间不限制，只要发现继箱中巢脾蜜封盖，即可取蜜。巢蜜盒内蜜封盖，方可取巢蜜框，拆框，抹净盒外渣蜡，盖上盒盖。连续生产，巢蜜框再装，随用随装。两种药蜜妥善保管待售。

（7）用仪器测得酶值。试验效果见表 5A。

（8）2000 年、2001 年、2002 年在同一时间、同一地点、同群中、同群势用同方法，进行重复试验。

3. 试验结果

试验结果见表 5A。

表 5A　1999~2002 年生产特种药用蜂蜜和巢蜜效果统计表

时间	蜂场	群　数		群势（脾）		缩水与升高密度后（千克）		酶值	
		甲组	乙组	试验前	试验后	试验前	试验后	试验前	试验后
1999 年	端东蜂场	10	10	14	16	210	168.5	国家规定的 8.3	17.5
	陈学刚场	10	10	14	16	210	167		16.1
2000 年	端东蜂场	10	10	14	16	210	160		16.9
	陈学刚场	10	10	14	16	210	166		16.7
2001 年	端东蜂场	10	10	14	16	210	167		16.8
	陈学刚场	10	10	14	16	210	170		16.9
2002 年	端东蜂场	10	10	14	16	210	167.5		16.8
	陈学刚场	10	10	14	16	210	171		16.9
合计		80	80	112	128	1 680	1 225	平均 8.3	平均 16.9
百分数（%）				100	114	100	85	100	204
					114		−15		104

讨论与建议：从试验过程中测出，每百千克稀蜜升高1波美度，缩水率为2.5%，本试验是提高5波美度，蜜蜂耗蜜量也为2.5%，两项合并为15%。在非流蜜期生产特种药用蜂蜜或巢蜜，是增加蜂蜜效益的最佳途径。既不误花期的生产，又使夏衰变为夏旺。更重要的是酶值的增加，可大大提高蜂蜜的药用价值，是中草药丸改新换代的最佳模式。可根据国内、国际需求，生产出数百种不同规格的各种药用蜂蜜和巢蜜。其生产工艺是：原料蜂蜜—稀释后—配入中草药提取液—经过蜜蜂吸收—蜜蜂加药—蜜蜂过滤—蜜蜂加酶—蜜蜂脱水—蜜蜂灭菌—蜜蜂浓缩等—繁殖生化过程——生产出封盖的成熟特种药用蜂蜜和各种巢蜜，这种特种蜜，酶值高，是目前国际上机械加工蜂蜜无法比拟的，是我国的首创。这种蜜比常规加工蜜售价高出10倍以上。让蜜蜂二次加工蜂蜜是一种劳动力密集型产业，是劳动力价值高的美国等西方国家不可能做到的。这样对蜂友、企业、社会都大有好处。在生产过程中要把握中草药提取的质量（对蜂有毒的药液不能兑入其内），按比例兑入，按程序处理。生产巢蜜时，巢蜜框盒要放在两个白脾之间，以保持封房盖为洁白色。要经常保持粉足（不足可人工补饲），如蜂过剩，可适当提出带蜂老子脾，另做处理。群势保持在14脾蜂即可，以免浪费劳力。由于酶值的增加，药蜜与蜂的寿命成正比例关系。生产时严防盗蜂。饲喂原料蜜时要猛而快。

六脾蜂开始三种组群采蜜法效益的试验

摘要：蜜粉源丰富，温度在10℃以上时6脾蜂开始，三种不同组群采蜜法，效益不一样。

①平箱采蜜法：每隔6天往巢中边二位置上加1张巢础，加满箱为止（10脾），群均产蜜17.5千克。②加继箱在其内放空脾采蜜法：加上空继箱，内放4个消过毒的好空脾，供储蜜使用，群均产蜜23.2千克。③加继箱在其内放4个老子脾，巢箱留2个老子脾，每隔6天在巢箱边二位置放一个巢础（加至4张巢础停止，巢箱内共6张脾）。群均产蜜26.1千克，以平箱采蜜法为对照，群均产蜜量③法比①法净增8.6千克，增幅百分数是49%；②法比①法净增5.7千克，增幅百分数是32%。结果表明三种不同组群采蜜法相比，③法最好。

关键词：蜜蜂　6脾蜂开始　不同组群　采蜜法　效益

引言：大流蜜期开始，因种种原因，巢中只有6脾蜂不能升继箱，既想多采蜜，增加效益，又想繁好蜂，怎样解决这个问题，是蜂友们十分关心的问题。为此笔者通过3年的试验，找到了一条既增采蜜，又利于繁蜂的最佳通道，供蜂友们试之。现报告如下。

1. 试验时间、地点、群数、蜂种

2003~2005年3年内，在河南省淅川县老城区油菜花期与河南省西峡县回车镇吴岗村荆条花期本人蜂场，每花期3组各10群共30群蜂参加试验，蜂种均为本地意蜂，蜂王均为上年柳孟头花期培育出的新王。

2. 试验过程

（1） 油菜花期。

1）准备：2003年3月3日淅川老城区油菜花大面积流蜜。4日上午将各试验组的巢中储蜜摇净，并做好准备工作，下午在西峡县五里桥乡稻田村三组本人蜂场内将30群、满6脾蜂且巢脾间隔10厘米左右（隔板外有半脾蜂，从纱盖上面以看不见框梁为度，如蜂不足应补足，每群都是6个老子脾），封死巢门，钉好箱待运。当夜运往淅川县老城区奎岭村一组打麦场用作试验。

2）组群：3月5日上午，30群分3组，每组各10群。

Ⅰ. 平箱采蜜法组：每群立即在边二位置上加1张巢础。以后每隔6天在边二位置上加1张巢础，加满为止（共10脾）。

Ⅱ. 加继箱，在继箱一边加4个空好老脾（巢继箱上下脾对住），供储蜜用。

Ⅲ. 加继箱，在继箱一侧（对准巢继箱蜂脾）放入从巢箱中取出的连脾带蜂4个老子脾。

3）管理：3月10日上午将1张巢础加到该组巢箱中每个边二位置上，供造新脾使用。此后每隔6天照上述位置加1张巢础，加到4张时停止加巢础（巢箱保留6个巢脾）。每隔6天将各试验组封盖成熟蜜取出，4月18日取最后一次蜜，各组取蜜分别放置。

4）称重：4月23日老城区油菜结束流蜜，将各组蜜分别用磅称重，统计。

5）结果：见表6A。

（2）荆条花期。

1）准备：2003年6月18日吴岗村荆条花开始大面积流蜜。在百里外的山花场地，20日上午将30群准备做试验用的6脾蜂群内储蜜取出，蜂的密度同上。下午卡框，当夜运往该荆条花场地。

2）组群：6月21日上午将30个试验群仍分3组，每组10群。

Ⅰ. 平箱采蜜法组：每群立即在边二位置上加1张巢础。以后每隔6天在边二位置上加 1 张巢础，加满为止（共 10 脾）。

Ⅱ. 加继箱，在继箱上一侧一次性加 4 张空老好脾（巢继箱上下脾对准），供蜂储蜜使用。

Ⅲ. 加继箱，在继箱一侧（对准巢继箱蜂脾）放入从巢箱中取出的连脾带蜂 4 个老子脾。

3）管理：6 月 27 日在巢箱内边二位置加 1 张巢础，供蜂造脾使用。以后每隔 6 天加 1 张巢础，加 4 张停止再加，巢箱内保留 6 张巢脾。6 月 26 日上午将各组封盖成熟蜜取出，以后每隔 8 天取一次成熟蜜。各组蜜分别放置。

4）称重：8 月 1 日该地荆条花结束流蜜，用磅称重，分别统计各组取蜜情况。

5）结果：见表 6A。

3. 试验条件

2004 年、2005 年用同样方法、同样群数、蜂数、同地点、基本同期再做试验，结果见表 6A。

表 6A　2003~2005 年 6 脾蜂开始三种组群采蜜法效益统计表

组（时间 / 群数 / 花别）	期	2003 年		2004 年		2005 年		合计	群均		群均增	
		10	10	10	10	10	10		蜂蜜（千克）	百分数（%）	蜂蜜（千克）	百分数（%）
		油菜	荆条	油菜	荆条	油菜	荆条					
平箱（千克）	Ⅰ	15.1	14.0	17.8	18.8	19.2	20.2	105.1	17.5	100		
继箱（千克）	Ⅱ	23.0	19.8	25.5	22.1	24.6	24.1	139.1	23.2	132	5.7	32
	Ⅲ	24.5	23.5	27.8	24.9	28.8	273	156.8	26.1	149	8.6	49

4. 讨论与建议

试验得出：Ⅰ平箱组，每个花期群均产蜂蜜 17.5 千克。Ⅱ继箱内放空脾组，每个花期群均产蜂蜜 23.2 千克。Ⅲ继箱内放老子脾组，每个花期群均产蜂蜜 26.1 千克。以Ⅰ组为对照群，Ⅱ与Ⅰ比较，每个花期群均蜂蜜净增 5.7 千克，用百分数表示为 32.3%。Ⅲ与Ⅰ比较，每个花期群均蜂蜜净增 8.6 千克，用百分数表示为 49%。群势一样、自然条件一样、管理技术一样，三种不同组群方法其效益为什么不一样？这是因为：Ⅰ组违背了蜜蜂储蜜向上的生物学特性，贻误了蜂的采集力。且蜂王走路太长，又误了产卵，对繁蜂不利。再者取蜜时麻烦，且伤死了不少蜂虫，蜂巢内通风不良，又不同程度地出现了分蜂热，尤其是荆条花期，蜂采集力在花中后期显著下降，实属一种不可取的方法。Ⅱ组，内放空脾由于蜂少开始达不到升继箱的要求，多多少少影响了巢内温湿度的保持，影响了繁蜂，且储蜜不集中、取蜜时间长又消耗了一定的人力，实属一种惰性取蜜法。Ⅲ组，内放老子脾开始升继箱，因没加巢础，虽然扩大了蜂巢空间，但对蜂巢内保温、保湿没有多大的影响。隔6天后随着继箱内新出蜂不断增加，在巢箱内加巢础没有什么副作用，第一次开始取蜜时会少一些，但第二次以后，会不断上升。在巢箱内加巢础扩大蜂巢是大势所趋。这是充分利用了储蜜向上的蜜蜂生物学的特性。且巢箱内新脾不断增加，蜂王产卵集中，对繁蜂大有好处。3年6个花期到出场时，三组蜂量相比，都是10个蜂脾，但Ⅲ组蜂量明显多于其他两组，实属一种科学组群取蜜法。望广大蜂友不妨试试看。在组群前半天将巢内储蜜取出，不影响蜂群生活，因为取蜜抖蜂时，多少还有零星储蜜掉进蜂巢，还能供蜂食用半天，若第二天到新场后，预计要下雨，蜂不能出巢，我们就要推迟组群取蜜，等天气好转以后再组群进入新场地。

注：2003~2005年3年中油菜花期不同程度地出现阴雨过多的现象。荆条花期有干旱现象，不然效益会更好一些。

蜜蜂为猕猴桃授粉效果初报

摘要：猕猴桃花雌雄异株，授粉靠风媒和虫媒。由于猕猴桃枝茂叶大，花粉易干燥，仅靠风、虫授粉远达不到完全授粉的需求。蜜蜂为其授粉，坐果率由原来的66.1%增加到90.6%；畸形果由原来的39%下降到14.5%，下降了24.5%；二级果由原来的13%增加到16.3%；一级果由原来的48%增加到69.2%，增加了21.2%；每公顷产量由原来的17 225.1千克增加到了35 301.5千克，增加了105%，每公顷10群（150脾蜂）为其授粉为最好。

关键词：蜜蜂　猕猴桃　授粉　效果

1. 引言

猕猴桃果被誉为“水果之王”，被称为仙桃、仙果，食之青春永驻，长寿不老。近年来不少地区大量栽种，已成为部分地区的支柱产业。怎样才能质高、量大，增效益，是果农们普遍关心的问题。由于猕猴桃花有粉少蜜，仅靠风、虫授粉，达不到授粉需求，为达完全授粉之目的，必须用现代化授粉工具

——蜜蜂来完成。目前国内外很少有这方面的报道，到底用蜜蜂为其授粉效果如何，每公顷该放多少蜂为最好？为达此目的，笔者在1999年、2000年进行了试验，基本探索出其规律，现报告如下。

2. 试验材料

猕猴桃品种为秦美，均为1989年冬栽种。本试验在1999年的5月4日至5月15日进行。在河南省西峡县田关乡3公顷第一猕猴桃示范园；该县回车镇5公顷第三猕猴桃示范园；该县重阳乡2公顷第四猕猴桃示范园。两年共有196群（2 940脾蜂）参加授粉试验。蜂种为沈育初老师的浆王蜂。

3. 试验方法

（1）3年猕猴桃示范园的施粪、浇灌、喷药、管理等技术指标均同1997年、1998年两年。

（2）组群。为饲管方便，均为上年芝麻花期培育出的浆蜂单王群，巢箱底部有大小一致的纱窗。蜂量的密度为早晨5时从纱盖往下看，以看不见继箱框梁为度。每群为15脾蜂，巢箱8脾，继箱7脾，撤出巢内所有粉脾，巢箱留4个小子脾，其余为空脾。按此要求在1999年5月3日组好群。当夜将河南省内乡县赤眉镇李莱喜蜂友30群（450脾蜂）运往西峡县田关乡第一猕猴桃示范园；将西峡县回车镇度国珍蜂友50群（680脾蜂）运往回车镇第三猕猴桃示范园；将西峡县丁河镇庞可英蜂友18群（270脾蜂）运往重阳乡第四猕猴桃示范园进行授粉试验。

（3）2000年5月3日按上述要求组群。当夜将李姓蜂友27群（450脾蜂）运往田关乡第一猕猴桃示范园，将度姓蜂友52群（680脾蜂）运往回车镇第三猕猴桃示范园；将庞姓蜂友18群（270脾蜂）运往重阳乡第四猕猴桃示范园进行同样的试验。

（4）蜂群的饲管。两年三处蜂场都设在示范园坐北面南的边沿大路边。到场后均为正常管理。5月4日夜三处各群进行补饲，每群的糖量为2千克，糖、水比例为1∶1，以后每日以1千克糖量，比例同上，进行补饲，不间断。时温为16~28℃。

（5）退出场地。每年5月15日三处猕猴桃花落尽，当夜将三处蜂群运出示范园，退出场地。

4. 结果

（1）记录花数。两年的5月5日~5月6日三处各有专人负责，仍以1997

年、1998 年两年以示范园中间一行 20 棵猕猴桃为准。

（2）记录坐果数。两年的 6 月 25 日三处各有专人负责，各数准以上述 20 棵猕猴桃坐果数记录。

（3）坐果率的计算，以上述 60 棵猕猴桃两年的花数与两年的坐果数，计算出坐果率。

（4）采摘。9 月 25 日三处猕猴桃果实成熟，各处有专人将上述 20 棵猕猴桃的果实采摘，另行库存。

（5）称重。用磅分别将上述三处为准的 20 棵猕猴桃果实称重。并将三处各用磅计算其余果实重量，二者相加，计算出总产量。

（6）分等级：①人工特制直径为 55 厘米、35 厘米的两种铁筛各三套备用（一处一套）。②分别将各处另行库存的猕猴桃果实用上述两种铁筛筛选出：直径在 35 厘米以下为畸形果，直径在 35 厘米以上、55 厘米以下为二级果，直径在 55 厘米以上为一级果。

（7）三处猕猴桃示范园以 1997 年、1998 年两年上述 20 棵为准，结合算出每公顷总产量，统计结果见表 7A。

表 7A　1999~2000 年蜜蜂为猕猴桃授粉效果

	时间	示范园	亩数（公顷）	蜂群	坐果率（%）	畸形果（%）	二级果（%）	一级果（%）	产量（千克）
授粉前（均）	1997 年	田关	3						
		回车	5		66. 1	39	13	48	17 225. 1
	1998 年	重阳	2						
授粉后	1999 年	田关	3	30	85. 2	17	13	70	36 697
		回车	5	50	92. 1	13	20	66. 1	36 214
		重阳	2	19	94. 6	15		72. 3	36 471
	2000 年	田关	3	27	93	12	12. 7	71	38 192
		回车	5	52	89. 7	14. 1	17	67	35 992
		重阳	2	18	88. 9	15. 8	18. 9	67. 9	35 975
		合计	20	196	543. 5	86. 9	97. 9	394. 3	207 574
		平均		10	90. 6	14. 5	16. 3	69. 2	35 306
增（+%）减（-%）					+24. 5	-24. 5	+3. 3	+21. 2	+105

5. 讨论与建议

以上三处猕猴桃示范园选择中间一行 20 棵，因不利通风和授粉，用保守形式计算为好。在自然、人为等同情况下，以 1997～1998 年两年在无蜂授粉的情况下与 1999～2000 年有蜂授粉的各项指标相比，得出表 7A 结果。从表 7A 中可看出用蜜蜂授粉可大大提高坐果率和一级果，大大降低畸形果率，能大幅度提高猕猴桃的商品价值和产量，大大提高了果农的经济收入，从而看出蜜蜂是理想的现代化授粉工具。猕猴桃有粉少蜜，蜂不愿拜访，故而使用浆蜂（此蜂繁殖快，需大量花粉），又抽走了所有粉脾，周围极少有辅助蜜粉源，利用幼虫诱惑力，这就迫使蜜蜂到猕猴桃花上去采粉。由于繁蜂的需要，必须坚持补饲和奖饲，以脾靠上框梁和下两角有储蜜，脾呈白色为准。从试验的效果来看每公顷 10 群（150 脾蜂）为猕猴桃授粉为最好。

豫西南蜜蜂继箱越冬效益的试验

豫西南初冬最高温度常在 15～20℃，后期常在 5～12℃，最冷不会低于−13℃。无论室内室外，越冬蜜蜂损失高达 46.56%左右，即几乎损失一半，严重影响春繁。采取什么形式把损失降低到最低点呢？这是蜂友们普遍关心的问题。笔者通过三年继箱越冬法的试验，已初见成效，现报告如下。

1. 试验时间、地点、蜂数、群数、蜂种

2001 年 10 月 5 日开始在河南西峡县回车镇吴岗村油房沟组，2002 年 10 月 4 日在该省该县五里桥乡稻田沟村组，2003 年 10 月 1 日在该省该县五里桥乡老君村小洛沟组进行试验，均到次年 2 月 2 日结束，每年各 10 群单王群和 10 群双王群共 20 群，每群均为 4 千克蜂量，分继箱越冬组和常规越冬组作对照组，蜂种为本地意蜂，在自己蜂场内做试验。

2. 试验过程

（1）培育好越冬蜂，喂足饲料。笔者所有蜂群每年都在远离本县 75 千米的太平镇鱼库村一组培育好越冬蜜蜂，并喂足越冬饲料（1 脾蜂 1 脾蜜）。

（2）组群。2001 年 10 月 4 日下午，用秆称称重计算方法组群。首先选好 10 群单王群和 10 群双王群。逐一连蜂、脾、箱称重，再逐一将蜂抖到预先备

好的箱内，再去毛重，剩下的为净蜂重，不足部分由其他群蜂补足，将蜂逐一再抖回原箱内，每群均为4千克的蜂量。

（3）箱内脾数。5群单王群，每群只留7张蜜脾，脾距相等，放在继箱内，下边是空巢箱。5群双王群，蜂放巢箱，巢箱两边每边只保留3张蜜脾，在上边放空继箱。另外5群单王群和5群双王群按上述脾数统统放在巢箱内（上无继箱）作为常规法对照群，当夜运回蜂场内。

（4）管理：试验群和对照群同放一场，遮阳、管理方法相同。

（5）观察：试验群内安静、很少外飞，而对照群整个冬季常飞不断。

3. 试验结果

试验结果见表8A。

表8A　2001—2003年继箱越冬法效益表（单位：千克）

		时间	2001年		2002年		2003年	
		地点	油房沟		稻田沟		小洛沟	
		形式	单	双	单	双	单	双
		群数	5	5	5	5	5	5
试验		前群均	4	4	4	4	4	4
		后群均	3.71	3.52	3.57	3.23	3.55	3.19
对照		前群均	4	4	4	4	4	4
		后群均	2.2	1.9	2.3	2.1	2.2	2.1
损失情况	试验	实损蜂	0.29	0.48	0.43	0.77	0.45	0.81
		群均损	0.385		0.6		0.63	
		总均损	0.535					
	对照	实损蜂	1.8	2.1	1.7	1.9	1.8	1.9
		群均损	1.95		1.8		1.85	
		总均损	1.867					
	百分数（%）	试验群均损	9.6		15		15.7	
		总均损	10.1					
		对照群	48.7		45		46	
		总均损	46.56					

4. 讨论与建议

从试验中可以看出继箱越冬法效益为佳，损失蜂仅为 10.1%，而对照群损失蜂却为 46.56%。管理方法、技术同样，为什么损失差距这么大呢？这是因为近年来豫西南冬季气温升高，对照群蜂整个冬天乱飞，尽管采取了严控措施，但还是不行，蜜蜂空飞而亡，到头来蜜、蜂俱损。用继箱越冬加大空气流通，大大降低温度，从而大大降低了蜜蜂的空飞，保全了蜜蜂的个体。同时也可看出，双王群继箱越冬蜂损要高于单王继箱越冬群，若双王群也放继箱内，其中一个蜂王可能受损，这是因为，双王群蜂放在巢箱内不容易散温。故而建议蜂友们采用单王继箱越冬法为好。若有底窗，应大开，不管采用什么形式越冬，对越冬蜂都大有好处。蜂友们不要怕蜂被冻死，即使是-13℃，只要饲料充足，蜂也不会冻死。

蜜粉源丰富时大规模一次性换王效果的试验

摘要：在蜜粉源丰富时，巢、继箱在箱前壁隔王板上面用洁净小木棍或小石块支起成细缝，或箱前后错开，容蜜蜂出入。4 天前除去老王，4 天后介绍成熟王台，大规模一次性换王：单王群上下各投 1 台，双王群上 1 台、下 2 台；全年各 8 个继箱群（每群 14 脾蜂以上）分 4 批、3 年的试驻，单王群（上、下各一新王）平均成功率 76%，双王群（上一、下二新王）平均成功率 69%。

关键词：蜜粉源植物　换王　成功率

在蜜粉源丰富时，能否在最短时间内，在影响生产最小、不另组交尾群的情况下，全场大规模一次性地把继箱强群换上优质新王？笔者对此在1999~2001 年，用了 3 年时间试验，收到了较好的效果。现报告如下。

1. 试验地点、时间、花期、群数、蜂种

本试验分别在 1999 年、2000 年、2001 年三年的 4 月 24 日的刺槐花期及 6 月 25 日的荆条花期，在河南省西峡县五里桥乡大桥村沟口组；8 月 10 日的芝麻花期，在河南省邓州市赵集乡张楼村张楼组；9 月 5 日的柳孟头花期，在河南省西峡县重阳乡香坊村香坊组，自己的蜂场进行试验，蜂种均为本地意蜂。

2. 试验过程

（1）刺槐花期。最高温度为 24 ℃。

培育王台：1999 年 4 月 12 日上午复移幼虫，开始培育优质王台。

组群：4 月 19 日上午将 8 个单王群、8 个双王群中的老王一律捉走，另行集中保管。在巢、继箱前壁、隔王板上面用洁净小木棍或小石块支起，形成一缝，供蜜蜂出入。

介绍成熟王台：4 月 24 日上午介绍王台，单王群，巢、继箱上下各投 1 台；双王群，巢箱投 2 台，继箱投 1 台。

查处女王情况：4 月 25 日下午检查各区蜂王出房情况，每区都有 1 只活泼、体大、健壮的处女王。

5 月 3 日上午检查各区新王产卵情况，见表 9A。将支起的小木棍或小石块去掉，蜂箱恢复原样，暂保留各区产卵新王。

（2）荆条花期。最高温度为 38℃。

1999 年 6 月 12 日上午培育王台（编者注：以下如没有特别说明，步骤和操作均按“刺槐花期”），6 月 19 日上午组群，6 月 24 日上午介绍成熟王台。

6 月 25 日下午查处女王情况，有 1 台蜂王未出，已死在王台里面，立即从邻近蜂场借 1 个成熟王台补上，其余各区均有 1 只健康、活泼、体大的处女王。7 月 4 日上午检查各区新王产卵情况，同日将支起成缝让蜂出入的临时巢门恢复原样，各箱多余的产卵新王捉走另行处理。

（3）芝麻花期。最高温度为 40℃。

1999 年 7 月 27 日上午培育王台，8 月 3 日上午组群，8 月 8 日上午介绍成熟王台，8 月 10 日上午查处女王情况，8 月 20 日上午检查各区新王产卵情况。

（4）柳孟头花期。最高温度为 33℃。

8 月 24 日上午培育王台；9 月 1 日上午组群，同时在隔王板上面将继箱与巢箱前后错开，形成一缝，作临时巢门用；9 月 5 日介绍成熟王台；9 月 6 日下午查处女王情况；9 月 20 日上午检查各区新王产卵情况，所有新王留各区产卵用，以便培养更多健康的越冬蜂。

（5）2000 年、2001 年，在相应的同一地点，用同一蜂种、同样群数，在同一时间、同一花期，按上述方法进行重复试验，效果见表 9A。

表 9A　大规模一次性换王效果统计表

时　间		1999 年		2000 年		2001 年	
单双王群		单	双	单	双	单	双
处女王数（只）		16	24	16	24	16	24
刺槐花期		12	19	11	17	10	14
荆条花期		14	20	12	19	14	18
芝麻花期		13	18	13	20	15	16
柳盂头花期		9	12	12	11	10	14
合计（只）	试验处女王	64	96	64	96	64	96
	成功数	48	69	48	67	49	62
成功率（%）		75	72	75	69	77	65
平均成功率（%）	单			76			
	双			69			

3. 讨论与建议

全年分 4 个花期做试验，每个花期参加试验的处女王：单王群 16 只，全年共 64 只；双王群 24 只，全年共 96 只。换王平均成功率：单王群为 76%，双王群为 69%。从中可得出：在蜜粉源丰富时，没有盗蜂，大规模一次性换王是可行的，在短时间内能获得大量新产卵王。用继箱强群为交尾群，省箱，省去了介绍新王等麻烦事，给蜂友带来诸多方便。从试验中可看出：单王继箱群新王成功率要高于双王继箱群；气温高比气温较低时的成功率高。

要同时投同一批成熟王台，晚出 1 天以上的处女王有被工蜂咬死的可能；老王捉走时间在 4 天以上；巢内开始有急造王台时，要去掉所有急造王台，这样投台容易被接受。

用洁净小木棍或小石块将继箱支起成缝与巢、继箱前后错开成缝效果是一样的。处女王的损失是发生在交尾归巢时错投而引起的，若在箱前壁或地面上涂、贴不同色彩的纸等特殊标志，新王成功率会大大提高。

蜜蜂为西瓜授粉效益初报

摘要：蜜蜂为西瓜授粉是增加其产量与质量的关键措施。瓜农种的“西农八号”，单瓜重5~6千克，折光糖含量11%左右，亩产4 000千克左右，而经蜜蜂授粉单瓜重7~9千克，增重3千克左右，增加50%；折光糖含量18%左右，增8%左右；亩产6 506千克，增重2 500千克；坐果率由原来的85%上升为100%，增加15%；畸形瓜原为5%（2千克以下的果体），经蜜蜂授粉现没有。每10亩地投放一强群（13脾蜂）蜂为其授粉较为合理。且群均产33千克蜂蜜，蜂王浆群均1.006千克，花粉5.5千克，繁蜂几乎翻1倍。

关键词：蜜蜂授粉　西瓜　产量　质量　效益

引言：西瓜花为单性花，有雌雄两种花，同株，靠昆虫授粉，是典型的虫蝶花植物。而蜜蜂是最理想的授粉昆虫。利用蜜蜂为其授粉效益如何？在一定范围内投放多少蜂群为最好？我们在河南省农科院园艺所栗根艺、杨建平二位博士的指导下，2000~2004年，经过5年的试验，掌握了应用规律，取得了满意的经济效益，现初报如下。

1. 材料与方法

（1）试验地点的选择、面积、蜂种、蜂群量。本试验于2000~2004年连续5年在河南省内乡县赤眉镇庙沟村薄营三个组与该县赵店乡孙岗村陈寨、柴河三个组进行，两处共2千亩，有90~150群蜂参加本项活动。蜂种为沈育初老师的浆蜂。我们之所以选择相距10千米的上述两地段，是因为它们地质（沙土地）、地貌（小盆地）、气温、雨量基本相同，两处瓜农从整地、施肥到常规管理都是按我们的要求去做（两地一样）的。

（2）试验方法。

1）对瓜农的要求：1999年冬我们与薄营三个组的瓜农协商好，准备种1千亩西瓜，要他们整好地、施好肥（按常规方法处理），到次年春按常规方法下种、管理，统一种上“西农八号”。

2）西瓜下种：2000年3月25日~3月28日，按常规法下种、管理。

3）整巢：5月15日西瓜始花，我们将150个继箱强群（为管理方便，蜂王均为上年芝麻花期培育的单王群，巢箱底有底窗，蜂的密度为早晨5时从纱盖往下看，以看不见框梁为度，群均为上7、下6共13脾蜂，撤出巢内所有粉脾，巢箱有4个小虫脾，其余为空脾）整理好，于当夜运往该地进行授粉试验。

4）蜂群管理：按常规方法处理，及时取蜜、取浆、取花粉。

5）撤蜂：7月上旬以后西瓜进入后期，大部分瓜秧已枯，于7月8日夜撤离该地。

6）西瓜产量的统计：瓜农无论谁家出售西瓜（含自已食用和送人食用）都要详细记录在册。然后将每户产量进行合计，再平均亩产。

7）检测折光糖合量：每年我们随意选8~10千克20余个西瓜送往河南省农业科学院园艺研究所进行鉴定，得出准确数据。

8）王浆花粉的统计：我们将每次出售的王浆数量进行统计，再计算出每群蜂平均数。到退场时，花粉一次性用秤称重，数量见表10A。

9）2001年薄营还按常规种植1 000亩“西农八号”西瓜，靠虫蝶授粉，蜜蜂不再为其授粉。统计有关产量、资料见表10A。

10）2001年在陈寨、柴河三个组进行同样试验，蜂为90群，亩数、蜂管、种瓜方法均同上，在上年同时间进场、撤蜂。其结果见表10A。

11）2002年在薄营三个组，1 000亩西瓜，100群蜂参加授粉。进行重复试验，蜂为100群，要求同上，产量、质量见表10A。

12）2002年陈寨、柴河1 000亩西瓜虫蝶授粉，蜜蜂不参加授粉，但统计其产量与其他资料，见表10A。

（3）2003年在薄营三个组的1 000亩西瓜，130群蜂参加同样试验，同时在陈寨、柴河进行虫蝶授粉试验，其产量、质量见表10A。

（4）2004年在陈寨、柴河三个组，1000亩西瓜，120群蜂参加同样试验，同时在薄营进行虫蝶授粉试验，产量、质量见表10A。

2. 试验结果

试验结果见表10A。

表10A　2000—2004年蜜蜂为西瓜授粉效益统计表

时间＼项目	地点	有无蜜蜂	亩数（亩）	蜂群数	亩产数（千克）	坐瓜率（%）	单瓜重（千克）	折光糖（%）	畸形瓜（%）	蜂群均蜜（%）	王浆群均（克）	花粉（千克）
2000年	薄营	有	1 000	150	6 500	100	8	17	无	35	950	5
	柴河	无	1 000		3 900	88	5	10	4			

续表

时间＼项目	地点	有无蜜蜂	亩数（亩）	蜂群数	亩产数（千克）	坐瓜率（%）	单瓜重（千克）	折光糖（%）	畸形瓜（%）	蜂群均蜜（%）	王浆群均（克）	花粉（千克）
2001 年	薄营	无	1 000		3 850	85	5.5	11	4.5			
	柴河	有	1 000	90	6 300	100	8.6	18	无	31	1 010	6
2002 年	薄营	有	1 000	100	6 600	100	9	19	无	29	1 100	5.5
	柴河	无	1 000		4 010	83	6	10.5	5			
2003 年	薄营	有	1 000	130	6 580	100	9.5	19.8	无	33	980	5.8
	柴河	无	1 000		3 900	87	5.7	9.8	5.5			
2004 年	薄营	无	1 000		3 800	81	5.1	10.3	4.8			
	柴河	有	1 000	120	6 550	100	9.8	19	无	36	1 090	5.1
平均					授粉 6 506 未授粉 3 912	授粉 100 未授粉 85	授粉 9 未授粉 6	授粉 18.6 未授粉 10.5		33	1 006	5.5
增（%）					66.3	15	50	8.1				

3. 结果分析

从表 10A 中不难看出两处各 1 000 亩西瓜地，用 90 群蜂授粉西瓜产量较低，而用 100 群与 120~150 群蜂授粉其产量基本相同，从而看出 90 群蜂授粉有点少，用 120~150 群蜂授粉有点浪费，而用 100 群蜂授粉较为合适，得出的结论是每群蜂授粉面积以 10 亩为宜。经蜜蜂授粉后 100%坐果，无落瓜现象。也没 2 千克以下的畸形瓜。这是因为蜜蜂为西瓜授粉，它的专一性是其他昆虫所无法比拟的，由于授粉充足，不但无畸形瓜，而且折光糖含量大大提高，其产量、质量大幅度增加与提高。由于花粉特充足，又有蜜可取，所以繁蜂特别好，而且快，对于弱群繁蜂更加有利。通过两地试验表明，瓜农应每年与蜂农协商给其一定经济补偿，让蜜蜂为其授粉，以获得较高经济效益；若蜂农群势弱小，想快速繁蜂应主动为西瓜授粉，这样既增加了西瓜的亩产，又增加了自己的收入，对己、对瓜农、对食用者都大有好处，是一件大好事。虽然蜂蜜稀一点，出售价格不太理想，但可自己使用。请瓜农与蜂农紧密合作，获得“双赢”效果。

抗螨王在河南省部分地区使用效果的试验报告

摘要： 在河南省部分地区使用抗螨王不但抵抗了大小蜂螨对蜂群的基本危害，既增加了蜜蜂的体质，延长其生命 9 天左右，又加大了群势，群均达 15 脾蜂以上。全年油菜、荆条、芝麻三个主要花期，每个花期增蜂 1 脾多，螨害占 0.09%，而且比对照群群均增蜜 14.7 千克左右。全年基本没有发现什么疾病，而对照群少部分不同程度地发生了白垩病、爬蜂病、美欧幼虫病等疾病。节省了群均治螨药费 3 元与大量劳力、时间。

关键词： 抗螨王　体质　群势　疾病　效果

引言： 蜂螨是养西蜂万恶之源，大部分蜂病皆由此引发。受螨害侵扰的工蜂发育体弱，寿命缩短，严重影响蜂产品的收入。蜂农们为了治螨，不知要花费多少劳力、时间与资金，早就盼望有抵抗蜂螨危害的优质种王，简单省事又增产。在这种情况下，中国农业科学院蜜蜂研究所李建科教授培育的抗螨王诞生了。2009 年 8 月 9 日他赠送给南阳市“养蜂协会”一只种王，2010 年 6 月 5 日又赠送一只抗螨王，这真是雪中送炭，解决了困扰广大蜂农的心头大事。通过近 18 个月的使用、试验，初步显示出它的巨大优越性，为维护这一科研成果，现将使用、试验的结果简报如下。

1. 试验时间、地点、群数、蜂种

李建科教授先后两次赠王 2 只。从得到王开始在河南省南阳市的方城、社旗、邓州，三门峡，新乡，驻马店等地区 327 户蜂农，共 3 949 群蜂参加使用、试验，蜂种均为本地意蜂。

2. 试验过程

（1）第一次赠王。2009 年 8 月 9 日南阳市“养蜂协会”得到李教授赠抗螨王一只。首先介绍到该市的方城县杨集乡武留栋蜂场，当夜在有 12 脾蜂的继箱内介绍成功（巢继箱各 6 脾蜂，单王群）。

（2）饲管。用常规法。

（3）产卵情况。前一个星期不产卵，一个星期后开始产卵，大部分是雄蜂卵或一房多卵，不正常。四星期后产卵才正常，当时已无蜜粉源，靠奖饲来培育王台。

（4）培育王台。由于临近越冬，10 月 2 日下午第一次移虫，3 日上午复移，因没有什么蜂蜜源，只培育出20个王台。

（5）组织交尾群。10月10日在该场组织20个交尾群（群均3脾蜂）。

（6）介绍王台。10月15日上午将20个成熟王台分别介绍给各交尾群中。

（7）成功率。10月31日上午检查各交尾群产卵情况，有17只处女王交尾成功并产卵。由于进入越冬，开产10日后即关王断子，未能显示出它的优越性。

3. 春繁与油菜花期

（1）介绍一代抗螨王。2010年2月4日~2月10日，各蜂场陆续开始春繁，将其一代抗螨王分别介绍给方城县的古庄乡张相元、丁张记，杨楼乡徐九东，拐河镇许建坡，南阳市内的史定章，邓州的孙保明，三门峡的朱彦举，新乡的刘同章，驻马店市的康中贤等蜂农蜂场，群均为2脾蜂开繁。

（2）组织对照群，在相应各蜂场内各设一群对照群，共设17个对照群，蜂量为2脾开繁，尽量做到试验群与对照群蜂量相同。

（3）饲管。用常规法。

（4）一代抗螨王产卵情况。都是从中间呈环形向边扩展至四角，第一脾产满后，才在第二脾上产子，无一漏空房，一房一卵，正常。

（5）幼蜂背上打记号。3月5日~3月8日在各试验群与对照群随意各50个幼蜂背上用油漆打上记号，以便今后观察其生存情况。

（6）升继箱。3月中旬前后各试验群与对照群都升上继箱，上4、下6脾蜂单王布巢。

（7）取蜜。各试验场在整个油菜花期，试验群取蜜4次，对照群3次，前者比后者多取蜜一次。各场取蜜后，无论试验群、对照群，分别称重，通知“蜂协”管理人员，统一统计。

（8）群势。4月23日各试验群与对照群上报给“蜂协”主管人员，群均蜂量统一统计。

（9）工蜂寿命。5月3日清晨查看4点各试验群与对照群工蜂背上的油漆记号情况，上报给“蜂协”主管人员，统一统计。

（10）培育新王。3月5日~3月10日，正是油菜流蜜旺季，且外温在20℃以上，利用去年秋天的老抗螨王进行移虫养王，先后移出20架400个王台。3月16日~3月22日送往有关蜂农的蜂场，进行换王。进行大面积使用试验，方法、步骤同上。

4. 荆条与芝麻花期

2010年6月5日李建科教授又赠一只抗螨王。

（1）介绍抗螨王。当夜由方城县拐沙镇许建坡介绍给其 15 脾蜂的单王群内，3 天后产卵正常。

（2）饲管。用常规法。

（3）培养新王。从 6 月 30 日~7 月 10 日，用第一只与第二只抗螨王先后移虫 100 框，每框 20 只，共 2 000 只，7 月 12 日~7 月 22 日将成熟王台分别快速送往有关蜂场，再进行试验，试验方法、步骤同上。到 8 月底经过荆条、芝麻两个花期的饲管，共培育出成熟王台 3 700 个，送往 327 户 3 949 群蜂进行试验，每场 3 群作对照群（试验群与对照群蜂量相同）。

荆条与芝麻花期各试验群、群均取蜜 6~7 次，每个花期比对照群多取一次。分别放置称重，上报主管人员统一统计。两个花期中分别随意在各试验群中与对照群各 100 个幼蜂背上用油漆做记号，1 个月以后再有专管人员查看死亡情况，上报给主管人员。对照群早春 2 月春繁时，5 月中旬与秋后断子三次治螨，以肉眼看不见落螨为止，所有抗螨王群不治螨。每个花期由专人用放大镜查看有无大小螨，在查看的 3 149 群蜂中只有 201 个螨，占 0.09%。

2010 年 12 月 21 日由主管人员统一群均、制表。

5. 试验效果

试验效果见表 11A。

表 11A　18 个月使用抗螨王效果统计表

效果 组别 项目 / 花期	螨情		蜜量（千克）		工蜂寿命（天）		群势（脾）		疾病（有、无）		药费（元）	
	抗	对	抗	对	抗	对	抗	对	抗	对	抗	对
油菜			24	20	60	45	15	14	无		0	1
荆条			35	30	57	43	16	14	无	白垩病	0	1
芝麻			5	0	48	40	14	13	无	爬蜂病等	0	1
合计			64	50	155	128	45	41	无	有	0	3
群均			31.3	16.6	52	43	15	14	无	有	0	3
总群均效果	+0.09%	0	+14.7		+9		+1		无	有	0	+3

6. 讨论与建议

从表11A中可以看出从使用抗螨王327户3 949群蜂来看，蜂螨寄生率很低，不需治疗；虽有少量蜂螨，工蜂能抵抗住，对蜂群构不成危害。工蜂发育体质较好，寿命较长，生成季节比对照群工蜂寿命长9天左右，每个花期群势比对照群多1脾蜂，增蜜群均14.7千克，螨害占0.09%。到2010年12月底未发现有什么疾病，而对照群从早春繁殖到晚秋，少部分有白垩病、爬蜂病、美欧幼虫病等疾病的发生，而对照群为了治螨，群均药费3元左右。抗螨王仅仅使用18个月，虽未尽人意，但它有许多优点，有待今后发现，所以笔者建议所有蜂农使用抗螨王。专家、学者、蜂友们要进一步改进抗螨王，使其能彻底抗螨，对国、对民、对己都有极大好处。

浆框两侧巢脾的变化对产浆量影响的试验

摘要：在大流蜜期时浆框放在产浆区内大或小幼虫脾和粉脾之间，产浆量最佳，台均浆量0.53克、0.52克。浆框放在产浆区内大或小幼虫脾之间，产浆量次之，台均浆量0.47克、0.41克。浆框放在产浆区内封盖子脾或蜜脾之间，产浆量最差，台均浆量只有0.24克、0.23克。

关键词：浆框　两侧　移虫　产浆量

引言：生产王浆是养蜂的主要经济收入之一。在大流蜜期时怎样生产王浆才能多产浆、提高效益，是蜂友们普遍关心的问题。但影响浆量的原因诸多，在巢内一切因素基本相同的条件下，浆框两侧巢脾的变化，对产浆量影响如何？浆框放在什么巢脾之间最佳，才能高产？就此问题笔者进行了历时三年的试验。

1. 试验地点、时间及蜜源

本试验在河南省西峡县回车镇吴岗村专业户闫天兴、五里桥镇黄市村专业户葛长有、丁河镇邪地村专业户庞可英三个蜂场内进行试验。蜂种为本地意蜂、略带黑蜂因素。时间：每年4月下旬至8月下旬，从1989年开始到1991年，历时3年。蜜源为刺槐、荆条、芝麻。

2. 试验部分

（1）试验材料。自制杂木4条浆框，自制蜡台盏，每框粘有80个台盏。

（2）试验方法。三个蜂场，每场27群，共81群蜂参加试验。每场3群为一组，共分9个小组，蜂王均为上年芝麻花期培育的。为试验方便都为单王群。按笔者要求三场同时于1989年4月27日上午（刺槐始花）做进一步整巢，每群都为14脾蜂，尽量做到巢内一切因素大致相同。都是大小幼虫各2脾，封盖子2脾，粉2脾，蜜2脾，卵2脾，2空脾。取一次浆，整一次巢，始终保持这种巢状。继箱为产浆区，巢、继箱上下各7脾蜂，王在巢箱，有时反之。分别用不同的整巢方法整巢，放浆框取浆进行试验。

（3）具体整巢方法。

1）浆框放在2空脾之间：产浆区内中间放2空脾，挨着两侧分别放2卵脾和1个封盖子脾，外侧各放1个蜜脾，浆框准备放在2个空脾之间。

2）浆框放在2个封盖子脾之间：产浆区内中间放2个封盖子脾，挨着两侧分别放1个空脾、2个卵脾，外侧各放1个蜜脾，浆框准备放在2个封盖子脾之间。

3）浆框放在2个蜜脾之间：产浆区内中间放2蜜脾，挨着两侧分别放2个卵脾、1个封盖子脾，外侧各放1个空脾，浆框准备放在2个蜜脾之间。

4）浆框放在2个粉脾之间：产浆区内中间放2个粉脾，挨着两侧分别放1个大幼虫脾、2个封盖子脾，外侧各放1个蜜脾，浆框准备放在2个粉脾之间。

5）浆框放在2个小幼虫脾之间：产浆区内中间放2个小幼虫脾，挨着两侧分别放2个空脾、1个大幼虫脾，外侧各放1个蜜脾，浆框准备放在2个小幼虫脾之间。

6）浆框放在2个大幼虫脾之间：产浆区内中间放2个大幼虫脾，挨着两侧分别放2个空脾、1个小幼虫脾，外侧各放1个蜜脾，浆框准备放在2个大幼虫脾之间。

7）浆框放在2个大幼虫脾和2个粉脾之间：产浆区内中间放2个大幼虫脾和2个粉脾，挨着一侧放1个空脾，外侧各放1个蜜脾，浆框准备放在2个大幼虫脾和2个粉脾之间。

8）浆框放在2个小幼虫脾和2个粉脾之间：产浆区内中间放2个小幼虫脾和2个粉脾，挨着一侧放1个空脾，外侧各放1个蜜脾，浆框准备放在2个小幼虫脾和2个粉脾之间。

9）浆框放在2个卵脾之间：产浆区内中间放2个卵脾，挨着两侧分别放1个大幼虫脾、2个小幼虫脾，外侧各放1个蜜脾，浆框准备放在2个卵脾之间。

次日（28日）上午移24小时内的幼虫，浆框分别放入事先准备好的产浆区内位置上。60小时后按组分别取浆称重存放（下同）。整个刺槐花期取浆3次。

同年6月5日上午（荆条花流蜜）按上述要求，三场同时整巢，次日上午移虫产浆。整个荆条花期取浆12次。

又于同年8月1日上午，（芝麻花流蜜）三场按要求同时整巢，次日上午移虫产浆，整个芝麻花期取浆10次。

1990年、1991年三场又按上述要求，在三个花期（取浆次数相同）进行取浆试验。

3. 试验结果

分别统计各组3年来台均产浆量，结果见表12A。

表12A　1989—1991年各组台均产浆量比较表

台均浆量（克）　工种 时间	1	2	3	4	5	6	7	8	9
1989年	0.24	0.25	0.23	0.47	0.34	0.41	0.53	0.51	0.26
1990年	0.25	0.23	0.23	0.48	0.32	0.42	0.55	0.53	0.25
1991年	0.26	0.24	0.23	0.47	0.33	0.41	0.53	0.52	0.28
总台均浆量（克）	0.25	0.24	0.23	0.47	0.33	0.41	0.53	0.52	0.26
名次	7	8	9	3	5	4	1	2	6

注：表中总台均浆量的获得是通过计算每年每场每组全年三个花期的台均浆量，再计算出3年的总台均浆量。

试验初步验证：在巢内一切情况基本相同的条件下，浆框在产浆区内两侧巢脾的变化，对产浆量有一定影响。浆框放在2个蜜脾或2个封盖子脾之间，台均浆量最差，只有0.23克、0.24克。浆框放在2个大幼虫脾或2个小幼虫脾之间，台均浆量较好，有0.47克、0.41克。浆框放在2个大幼虫脾或2个小幼虫脾和2个粉脾之间，台均浆量最佳，有0.53克、0.52克。同时验证了产浆区无论设在巢箱或继箱内，对产浆量均无大的影响。

4. 讨论与建议

为什么会出现上述结果呢？其原因是：幼蜂要寻食花粉，哪里有花粉就到哪里去。开始它们只能调制花粉、饲喂大幼虫，随着时间的增加，王浆腺逐渐发达，能分泌王浆，饲喂小幼虫。哪里有大或小幼虫待哺，它们就大量集中到这个地方来，故浆框放在有幼虫又有花粉脾之间，产浆量最佳。只有幼虫而没花粉，虽哺育青幼蜂不少，但比前者就显得少了些，故浆框放在只有大或小幼虫脾之间，产浆量就稍逊一些。浆框放在空脾之间，虽有幼蜂，但都是刚出来的幼蜂，它们不能分泌王浆，只能做清巢工作，所以产浆量就不会好。同样的道理，浆框放于卵脾之间，产浆量也不会好。封盖子脾，只需温度，而不需营养，一般是由刚出房的幼蜂和壮年蜂护温的，这些刚出房的幼蜂自不必再说。那些壮年蜂王浆腺逐步退缩，分泌王浆越来越少，所以浆框放在这些地方，产浆量是差的。至于蜜脾更不需护温，与其他巢脾相比，蜜脾是低温区。老蜂怕热，所以这里常是它们休息的地方。而老蜂王浆腺已退缩，几乎不能分泌王浆，若浆框放到这些区域里，理所当然的产浆量会最差。

为此，建议蜂友们：浆框要放到既有幼虫脾又有粉脾之间，才能提高产浆量。人工育王时，也应照此去放育王框。若要清理浆框等用具，可放在空脾之间。产浆区要设在继箱内，这样少搬动，省工省时。

增加三种养蜂法效益比较

三种养蜂法效益比较

当今世界上大体存在着三种养蜂法，即“传统养蜂法”“集体养蜂法”“数控养蜂法”。三种养蜂法虽然有千丝万缕的联系和相似之处，但也确实存在着巨大差异。究竟哪种养蜂法高产呢？众说纷纭。因此，笔者在豫西南地区做了 3 年试验，初步得出结论：在蜂量、蜂王、饲料、技术等其他因素相同的情况下，全年用不同的养蜂法饲养管理蜂群，结果群净收蜂蜜：“传统养蜂法”组 105.5 千克、“集体养蜂法”组 89.4 千克、“数控养蜂法”组 198.5 千克。以“传统养蜂法”作标准为 100，“集体养蜂法”是 84.7、“数控养蜂法”是 188.1。

1. 试验过程

（1）时间、地点、蜂群及蜂种。本试验在 2001 年、2002 年、2003 年的每年 2 月 4 日开繁时起，到当年 9 月 20 日结束。在河南省西峡县城关镇的孙姓蜂友和同县的回车镇吴岗村闫姓蜂友的两蜂场（共 28 群 83 脾蜂）进行。蜂种为松丹一号与本地杂交蜂。

（2）场地。

1）孙姓蜂友蜂场

①早春：在河南省西峡县五里桥乡封湾红草沟组。

②油菜花期：湖北当阳。

③刺槐与荆条花期：同早春。

④芝麻花期：河南省镇平县曲屯镇。

⑤柳孟头花期：同早春。

2）闫姓蜂友蜂场

①早春：在自己院内。

②油菜花期：湖北省襄樊市黄集。

③刺槐与荆条花期：同早春。

④芝麻花期：河南省内乡县师岗乡。

⑤柳孟头花期：在河南省西峡县五里桥乡封湾水磨沟组。

（3）整巢与管理。按三种养蜂法的要求，2 月 4 日进行整巢与管理。为试验方便均为单王群。

1）数控养蜂法组：共 9 群 27 脾蜂，分强、中、弱三组。

①4 脾蜂开繁：共 3 群 12 脾蜂。

②3 脾蜂开繁：共 3 群 9 脾蜂。

③2 脾蜂开繁：共 3 群 6 脾蜂。

箱内外不做任何包装，严格按数控养蜂法的要求饲养管理蜂群，遵循宁冷勿热的原则。

2）传统养蜂法组：共 9 群 27 脾蜂，分强、中、弱三组。

①4 脾蜂开繁：共 3 群 12 脾蜂。

②3 脾蜂开繁：共 3 群 9 脾蜂。

③2 脾蜂开繁：共 3 群 6 脾蜂。

箱内外用稻草严格包装保温，夜间用塑膜覆盖蜂箱前地面上，用砖石压住。遵循宁热勿冷的原则。

3）集体养蜂法组：共 10 群 29 脾蜂。分强、中、弱三组。

①2 脾蜂开繁：共 4 群 8 脾蜂。

②3 脾蜂开繁：共 3 群 9 脾蜂。

③4 脾蜂开繁：共 3 群 12 脾蜂。

箱内外用稻草严格包装保温，夜间用塑膜覆盖蜂箱前地面上，用砖石压住。遵循宁热勿冷的原则。

（4）饲养管理。三种养蜂法各群当日夜间用大号塑料饲养器大盒内装干白糖 0.5 千克，小盒内装满洁净水供蜂采食。4 天换一次，用不完的拿走，再装新的。第 6 日（即 2 月 10 日）开始奖粉，用天然花粉制成饼状放在框梁上任蜂食用，吃完了再放，始终保持有粉饼。3 月 20 日撤出内包装。3 月 25 日撤出外包装。同时“数控”组开始使用底窗。严格按照各种养蜂法的要领饲养管理蜂群。3 月 26 日进入油菜场地停止一切奖饲。4 月 1 日传统养蜂法和集体养蜂法的 4 脾蜂开繁群开始升为继箱达 14 脾蜂。4 月 17 日数控养蜂法的 3 脾蜂开繁群和传统养蜂法、集体养蜂法两组的 2 脾蜂开繁群才达到 14 脾蜂，升为继箱群。4 月 27 日数控养蜂法的 4 脾蜂开繁群和传统养蜂法、集体养蜂法两组的 3 脾蜂开繁群升为继箱群（14 脾蜂）。5 月 8 日数控养蜂法的 2 脾蜂开繁群才上升为继箱（14 脾蜂），同日，将集体养蜂法两组的 10 群 140 脾蜂合并为 5 个 4 箱体群，每群 28 脾蜂，变成双王四箱体蜂群。巢箱放王 5 脾蜂，第 1 继箱 8 脾蜂，第 2 继箱 8 脾蜂，第 3 继箱放王 7 脾蜂。巢箱上面及第 3 箱下面都放隔王板。各组蜂群从刺槐花期起巢内部作任何调整与加减脾，任其自然。只取继箱余蜂，集体养蜂法组第 3 继箱也不取蜂。2002 年、2003 年，使用同样的群数、蜂数、时间、地点进行重复试验，其三组的经济效益见三种养蜂法效果统计表（表 12B）。

表 12B　三种养蜂法效果统计表

年份	方法	群数	油菜	刺槐	芝麻	荆条	柳孟头	总产	群均年产
2001 年	数控	9	70	151	370	780	380	1751	194.6
	传统	9	90	135	180	360	185	950	105.6
	集体	10	95	135	159	351	161	901	90.1
2002 年	数控	9	67	158	421	820	390	1856	206.2
	传统	9	87	141	198	358	174	958	106.4
	集体	10	91	129	151	362	159	892	89.2
2003 年	数控	9	62	147	381	793	369	1752	194.7
	传统	9	89	137	191	347	177	941	104.6
	集体	10	97	122	163	354	152	888	88.8

2. 试验结果

平均每年群产量，“传统养蜂法”组 105.5 千克、“集体养蜂法”组 89.4 千克、“数控养蜂法”组 198.5 千克。以“传统养蜂法”作标准为 100，“集体养蜂法”是 84.7、“数控养蜂法”是 188.1。

3. 讨论与建议

在饲养管理过程中，数控养蜂法组由于早春不人为保温，第一代子比其他两法少 30%左右，因而油菜蜜产量低，尤其是二三脾蜂开繁群。以后随着气温升高，新蜂体质比其他两法要强得多，且寿命较长，国以后产量高。传统养蜂法饲养管理的蜂群，从油菜花后期开始出现伤热，有间虫现象。而集体养蜂法饲养管理的蜂群，实质上是传统养蜂法的延伸，是两个用传统养蜂法饲养管理蜂群的合并，伤热引起的间虫现象更加严重，工蜂寿命也更短，严重影响采蜜量，故产量低。数控养蜂法是新的养蜂法，是当今世上无与伦比的蜂书，新科技含量很大，故建议蜂友们，初学养蜂或中途改用数控养蜂法，都需要更加努力学习，才能增加更多的经济收入。在劳动力不足、技术不高又想多养时，也可应用传统养蜂法饲养管理蜂群。

什么地方不宜设蜂场

蜂场设在哪里，至关重要，它直接关系到养蜂的经济效益。蜂场该设在哪里，不该设在哪里，场主应该一清二楚，决不能含糊。几十年的养蜂生涯告诉我，下面这些地方就不宜设立蜂场。

（1）缺蜜粉源或无蜜粉源的地方。方圆 10 千米之内一年四季缺或无蜜粉源的地方少设或不能设蜂场，尤其是定地饲养的蜂友们。众所周知，蜜粉源是蜜蜂生存最基本的物质基础，缺或无是不行的，故不宜。

（2）各类工厂附近不宜设蜂场。各类工厂生产时都要冒烟，烟能污染空气，排出的废水，可能也要污染水源。蜂离不开空气和水，这些地方设蜂场，蜂会中毒而亡。即使这些地方可能有丰富的蜜粉源，也不能因小利而失大利，故不宜设蜂场。

（3）松树成林的地方不宜设蜂场。松树到秋季有甘露蜜出现，蜂采后，蜜不易消化，蜂会大量超前死亡，得不偿失，故不宜。

（4）阴暗潮湿的地方不宜设蜂场。这些地方易引发蜜蜂多种疾病，尤其是白垩病。

（5）整日林叶覆盖、不见阳光的地方不宜设蜂场。实践证明，这些地方平常比别的地方早晨天明得较晚，晚上黑得较早，因而造成蜂早晨出勤晚，晚上收工早的现象，从而减少了蜂出勤的次数，据统计因此蜂场要减产30%左右，故不宜。

（6）交通不便的地方不宜设蜂场。追花夺蜜的蜂友们对此要特别注意。若花尾期发生盗蜂，或因天气原因，想转场又不能实现，干着急，就是走不了，会造成一定的损失，故不宜。

（7）蜂场拥挤的地方不宜设蜂场。某一地段有丰富的蜜粉源，若大家都集中在一起（不超过200米），因蜜粉源有一定限量，轻则减少收入，重则一旦发生互盗，损失不可估量，尤其是中蜂多的地段，外来蜂场不要强挤进去，否则不仅对自身不好，弄不好易引起纠纷，后果严重，故不宜。

（8）高压线下不宜设蜂场。这些地方电磁场强，易破坏蜜蜂的导航系统，易引起蜂走失现象，若蜂减少了，靠什么去增收呢？故不宜。

（9）许多红色彩旗飘扬的地方不宜设蜂场。因某种原因有大量的红色彩旗，因蜜蜂是色盲眼，会把红色看成黑色。由于蜂不喜欢这种颜色，易引起蜂乱串现象，找不到自己的家，引起互咬、互盗，死蜂遍地，损蜂，故不宜。

（10）河边低洼的地方不宜设蜂场。道理很简单，若天变下雨，易引起水灾，故不宜。

（11）土壤中微量元素硼、锰、锌含量不足的地方不宜设蜂场。凡土壤中含硼在5.1×10^{-7}，锰在1.07×10^{-6}，锌在4.5×10^{-7}以上时，开花就流蜜；此值以下时，开花就少流蜜或不流蜜，故应掌握土壤中微量元素硼、锰、锌的含量多少而决定该不该设蜂场。若不知这里的微量元素的含量，应多到黏土的地方设蜂场，因黏土的地方一般含微量元素较高。少到或不到沙质土壤的地方，因沙质壤土透气性大，微量元素流失较快，有花无蜜或少蜜，故不宜。

（12）金矿附近不宜设蜂场。由于采金人大量使用硫化锌，这种有毒物质地面上有，也易渗入地下，即使现在不生产，不但水、空气被污染，就是花开流蜜，蜜里边也有毒素，蜂也会中毒而亡，故不宜。

（13）竹子开花的地方不宜设蜂场。实践证明竹子开的花，其蜜粉虽丰富，但若设西蜂场，对蜂有一定损失，若设中蜂场，易引发中囊病，有垮场的危险，要特别注意，故不宜。

（14）大山中的三期刺槐花处不宜设蜂场。追花夺蜜的蜂场，在某处一年能采两个刺槐花蜜源，但还有三期刺槐花处，这些地方，山高气温低，故形成三期花源。这些地方因气温原因往往少流蜜或不流蜜，故不宜。

（15）障碍物较多的地方不宜设蜂场。因对蜂飞行不利，而会造成一定的损失，如落入树林深处，故不宜。

（16）敌害较多的地方不宜设蜂场。某地段因某种原因，蜂敌害较多，如大胡蜂、小胡蜂、癞蛤蟆等。外来蜂友一定要事先了解清楚，然后再行动。

（17）人口稠密的地方不宜设蜂场。这些地方设蜂场，人踏、撞死蜂不说，蜂蜇人，易引发不必要的纠纷，故不宜。

（18）水泥地面上不宜设蜂场。水泥地面看似清洁，但夏季，其比土地表面温度要高出 2～3℃，易引发烂子病，下大雨不说（因蜂不出勤），小雨过后，西蜂归巢时易黏住跌倒，飞不起来，损蜂，故不宜。

（19）缺乏水源的地方不宜设蜂场。采蜜粉季节，蜂需大量洁净之水，若水源缺乏，不但人生活用水困难，而且蜂要到很远的地方采水，影响蜂的出勤率，少采蜜，有一定损失，故不宜。

（20）整日声音嘈杂的地方不宜设蜂场。蜂和人一样，整日声音嘈杂，机器轰鸣，蜂整日不得安宁，生活紊乱，影响蜂产品收入，故不宜。

（21）公路及大道边不宜设蜂场。此处人来车往，蜂蜇人，易引发不必要的纠纷，蜂也易被车撞死，故不宜。

（22）河边、湖边、秧田边、水田边不宜设蜂场。因外勘蜂归巢与处女王交尾归来，易被水溺死，损蜂、损王，故不宜。

（23）凡是周围低洼的山顶之处不宜设蜂场。因为归巢蜂（腹内吸满花蜜带粉的蜂）从低处往高处飞，费时费力，消耗能量大；一是使外勤蜂提前死亡；二是影响出勤率，尤其是逆风飞（往高处飞行所造成）。而且山顶易遭风灾，影响更大，故不宜。

刺槐花期的蜂群管理

刺槐花期将到，这段时间蜂群的管理，是夺取刺槐花蜜的关键时期。

要高产就必须有 15 脾蜂以上的强大群势，目前我地不大可能达到这种要求，那就必须创造条件，其方法有两个：

（1）流蜜的前 20 天，把几群的至少 5 个封盖老子脾（不带蜂）集中到一群中去，蜂不足的要加强保温，只要温度达到，老子脾就不会冻死。

（2）到花初开时，将放在一处的几群蜂，只留一群，其余蜂全部搬走，使其他蜂群的外勤工蜂都飞到留下的那一群中去，这叫作集中外勤蜂，看蜂多少再加上继箱，再加空脾。若使用卧式箱，两头只留2~3张虫卵空脾，用2块立式隔王板把箱隔成3室，中间大室可放10个以上的空脾作为产蜜区，千万不可平均使用蜂群势，哪怕其他群势只有2~3张蜂也不管。

在花期摇蜜时不要治螨（以免污染蜂蜜），也不可放松。而且还要注意人工养蜂王，等花期人工育的蜂王一定要出来，可将生产群尽量分4个区使用，使用巢箱每2脾1个新蜂王，为下个蜜源打下基础。

怎样才能快速繁殖蜂群和强群采蜜

蜜蜂生物学表明：子脾达到7框以后时，蜂群发展就缓慢下来，5框左右最快，根据这一特点，当蜂群达到7框时就一分为二，介绍王分蜂，使蜂群始终保持中小群势，根据西峡县的条件，具体时间是：4月20日第一次分蜂，共两群，6月1日第二次又一分为二分蜂，共4群，7月1日第三次一分为二分蜂，共8群，8月1日第四次分蜂，两群分一群，共12群。若管理方法得当，条件好，到越冬时每群可有5框左右的越冬蜂。这样春天一群蜂，秋后10余笼；这当然要有良好的巢脾结尾成功的新王和其他蜂具作为保证。

若有10群蜂都是满箱，可每群提两脾带蜂的子脾，共10脾蜂介绍王成为新分群，每个原群加上两个巢础框，这样原群不削弱，新群也强大，照此方法分蜂，新、老蜂群始终保持强盛状态。

蜂群的秋季与越冬前的管理

蜂群的秋季管理是指9月份的管理，管理的好坏，直接关系到翌年春季群势的强弱。由于缺蜜、缺粉，天气渐寒，因此，秋季管理是全年最困难最关键的季节，其管理要点是：

（1）撤下继箱均群势，增温治螨不放松。8月下旬芝麻花期结束，应撤下继箱，以平箱为原则。实践证明，以新王稍弱群发展群势迅速，产子多、出勤率高，尤其是5~7脾蜂最为突出，但群势不能过弱，过弱发育出的成蜂不健全、不健康。秋季天气渐寒，为此应保持蜂多于脾，在框梁上盖上覆布与三四层报纸，缩小巢脾距离与巢门，以便蜂群增温。至少治螨 2 次，为培育壮蜂打下良好基础。

（2）缺蜜、缺粉是秋衰的主要原因。应从 9 月上旬至下旬，每天傍晚用 1∶1的稀糖水 250 克左右进行奖饲，不能间断，尽量于 9 月中旬多产子，10 月中旬断老子，10 月底幼蜂试飞完毕，这才称得上是适龄的越冬蜂。

（3）强弱群互换子脾。将强群中的一个老子脾与弱群中的两个小子脾互换，这样强弱群互相利用，蜂数才能成倍增加。

（4）严防盗蜂。秋末蜜源少，要严防盗蜂的发生；盗蜂一经发生，就很难处理。因此，防重于治，除尽量缩小巢门外，还要将蜂箱裂缝糊严，必要时用镜子一面放到巢门边，吓外来工蜂，若发现盗蜂刚开始，则洒煤油于巢门口进行驱赶或将盗群的蜂王用王笼暂扣住，造成短期失王的假象，可止盗。严重时，可采取将盗群与被盗群王互换位置，或将被盗群立即挪走等措施。

（5）早断子。用控卵器将强群中的老蜂王扣住，迫使蜂王停产，这样虽然少产子 1 个月，但对翌年早春繁殖大有好处。更重要的是保留了芝麻后期培育的新蜂，使它们成为越冬的适龄蜂。这对劳动力少、一人多养尤其适用。这项工作从现在开始就做，10 月中旬灌糖时放出。

（6）冻蜂。10 月中旬后将蜂群放于阴处，撤除保温物，加宽蜂路，进行冻蜂，创造条件使蜂群少活动，尽量做到“静”字，必要时用铁纱将巢门堵住，限制工蜂外出活动。此时要彻底治螨，这是全年治螨的最后时机，不可错过。或用保蜂罩将蜂箱盖住来控飞更好。

（7）喂蜂。用白糖作为饲料的蜂群，一定要在 10 月中旬左右以 1∶0.7 的比例，同时加入适量的磺胺类药物，用灌脾法在 3 天内将蜜喂完，预防蜂王产卵，做到一脾蜂一脾封盖蜜，确保越冬饲料的充足。

（8）适当利用菊花蜜源。将某一群中的老蜂王用扣王罩扣在有蜜的地方，再将附近的其他几群蜂挪走，把几群中的老工蜂集中到扣王的这一群中去，将此群搬到有菊花蜜的地方，进行采集。这种方法蜂群多的可以应用，刚养蜂或蜂群少的户千万不可使用。实践证明采过菊花蜜的蜂群，无一不是弱群。

（9）合并弱群。凡不足 2 脾蜂的，应尽量双王同箱饲养管理，中间用隔板隔开。

（10）储备蜂王。有价值的蜂王，可以一群储备 5~7 个，至翌年早春分蜂使用。

以上 10 个方面认真做到，确保群强、蜜足，无病害，安全越冬。

芝麻花期的蜂群管理

西峡县播种的大多是夏芝麻，从花期开始，是西峡重要的蜜源时期，此时蜂群的管理要点是：

（1）组织采蜜群。抽出采蜜蜂中新封盖的子脾和部分幼脾，补入新分群，以降低巢温，预防分蜂热的产生和减轻青年蜂的哺育量，增加空脾，保证箱内有充足的巢房供蜂王产卵和储蜜。同时，从新分群中抽出即将出房的封盖子脾补助采蜜群，或者使用集中外勤蜂的办法来增加采蜜群的外勤蜂。其具体做法是：芝麻始花时将并排放在采蜜群一起的新分群移走，使这些外勤蜂进入采蜜群，群势一定要达到15框蜂以上。要用刀割除王台和非种用雄蜂，控制自然分蜂的发生。

（2）采蜜群的利用。除取蜜、蜡、蜂胶外，应注重在继箱内王浆的生产，以增加收益。内乡县城西关就收鲜王浆，千万不可错过良机。

（3）繁殖群的管理。注意遮阴，降低巢温，预防卷翅病的发生，在保证饲料充足的情况下，勤取蜜，少取蜜，加空脾，不间断地抽出老子脾补助采蜜群。

（4）病害的防治。芝麻花期常发生的蜂病是：①卷翅病：加强通风和降温。②黑蜂病：结合遮阳，扩大巢门，加宽框距，撤除覆布，加高箱底，创造条件加快水分的蒸发。③烂虫病：可以喷四环素糖粉，可根据病因适时治疗。④狠治蜂螨，可用硫黄粉2/3、卫生球粉1/3混合粉，直接撒入蜂路之间，每条蜂路0.3克。⑤注意捕杀青蛙等敌害。

（5）育王。芝麻花期蜜涌粉足，要不失时机地培育蜂王。6月至8月下旬应以繁殖为主，可用双王同箱繁殖，中间用隔王板隔开，新王放巢箱，老王放继箱，继箱中的卵、虫、脾调入巢箱，同时将巢箱内的粉脾调入继箱，互相促进，有利繁殖，到农历中秋节后可处理老王，保留新王。箱内一定要保留充足的饲料，培育大量的越冬适龄蜂。

豫西南初冬蜂群的管理

初冬季节，应根据气候和西峡县的具体情况管理蜂群。其蜂群的管理要点是：

（1）继续扣王。10月中旬西峡县气温白天还高达20℃，以上有些地方还有菊花，若把蜂王放出，定要再产蜂卵，所以不要急于放王，但要注意，把王笼放于蜂巢中心部位，以免蜂王损失。

（2）遮阳。把蜂箱放于背阴处，巢口最好面北。如无条件背阴，可人工创造条件。如可用柴、草给蜂箱搭凉棚，不要把巢口堵死，也不要急于将蜂箱放于暗室内，以免引起蜂群闷热、满地爬而死。

（3）降温。加大蜂路，框距至少在2厘米左右，夜间放宽，如高巢门口打开底，甚至将蜂箱大盖拿下，只用铁纱覆盖。

（4）灌足饲料。蜂饲料若不足，以早晨为好将多余空脾抽出，做到蜂、脾相称，把500克白糖、350克水、1克的食盐化开，用各种饲养器饲喂，3~4天内喂足，不能拖延时间，喂时再加些大黄、苏打之类药物以防烂子。

（5）抽出甘露蜜和松蜜脾。西峡县有些地方已发现有甘露蜜和松树蜜，这类蜜一定不能留作越冬饲料，一经发现即要抽出，要换上上等蜜脾。

（6）治螨。当前绝大部分蜂子已出完，这是全年最后一个治螨的机会，不可错过。千万注意，用过量的杀虫脒会杀伤幼蜂，卫生球粉、敌螨熏烟过多、过浓是要伤害蜂王的。

（7）防盗蜂。白天气温高时，有不少蜂飞出，尤其是无菊花处，要严防蜂群被盗、互盗，除安防盗门外，最好的办法是：尽量缩小巢门，并用柴草遮盖，再取下蜂箱大盖，再盖一块铁纱，这样外来盗蜂只能在上层铁纱盖上乱窜，而不得入内，使之望而兴叹，空腹而归。

（8）并弱群，多储王。群不足两框蜂的，应尽量合并成双王群，中间用铁纱、木隔板隔死，设双巢门，各走其门，不要用框式隔王板，以防蜂偏集。多余的蜂王，用王笼装好，一次性地放入事先两天以上的失王群内，王笼放于蜂巢中心，这样一个5框蜂群即能储存5个以上的蜂王。

（9）赶快撤离菊花场地。实践证明，采菊花时间越长的蜂群，其群势弱得越快，所以要赶快撤离菊花场地。

总之，进入越冬要群壮、蜜足、王好、无病害。

多王蜂群的组织

谁都知道，养强群容易，但维持强群就困难得多了。那么，怎样才能使蜂群常年处于强盛的状态呢？那就需要组织多王群来加速达到这一目的。多王群是如何组织的呢？我们通常采取如下方法：

（1）秋末冬初用巢脾隔王栅（把普通巢脾两头和底部装上蜂王铝制隔板。巢箱用一年繁殖过三四代以上蜂的），把几群蜂同放在一个卧式箱内隔开（蜂王数量不限，视箱大小而定，此时蜂王失去斗志，并不互咬），做到蜂多于脾，用强群越冬。处于隔王板中间的蜂脾数量要少于两边的蜂脾数，以免发生偏集，而损失了两边的蜂王（同箱的蜂王应是同等产卵力的同龄王），巢门口开始隔设，渐变成一个。来年春用两边的封盖子脾和蜂一同（不带王）并入隔板中间群内，加强王群的繁殖，这样便能在第一个蜜源节（如洋槐）养成强大的采蜜群（15 框蜂以上），这样就丰收在握。在此同时将采蜜群蜂王带蜂一两框提出另组多王群。造成短促失王状态，第 4 天介入成熟王台。从新王出的第 4 天起将其余两边的巢门口用隔王板堵住（隔王板我地很容易弄到）。中间标明明显的记号，如贴一张蓝色纸。这样做到既采蜜又分蜂，蜜源过后，群势平均，平衡发展。

（2）6 月 1 日之前应尽量多分蜂。我们采用的方法是：用一个中等群势的蜂人为地失王 1~4 天，然后每一脾用巢脾隔王栅隔开（多脾、空脾抽出），每脾介入一个成熟王台，把巢门口分别设在前、后、左、右不同的方向，并标明不同的记号，紧缩巢脾，即使从前门出入蜂多一点也不要紧，工蜂到内边后还是会通过隔板到别的巢脾上。蜂王交尾回来绝大多数不会受到损害，这样新王交尾成功，自然就有了多王群。然后巢口逐渐变为一个，改在前。

（3）春天及早育王。育成后出现工蜂不足，难以组织交尾群，我们采取 1/6 的多格小箱组织交尾箱。方法是：将成熟王台每两个小脾沾好一个王台，拣一脾幼蜂多的脾猛然抖落工蜂到这个小箱内（小箱也是四面开口），用幼蜂来组织交尾群（每格交尾群工蜂不超过 300 个），加强保温，要把这个小箱放在偏僻明显的位置上，夜里拿回室内，白天放在原位置上，巢口不变。并要保持小箱内蜜足、粉也有，巢门尽量小，只容一个蜂出入即可。新王交尾成功，再及时介绍到其他多王群中。怎样介绍？方法是：将几群蜂中抽取的几框蜂放在同巢内，中间用铁纱隔板隔开，第 2 天黄昏分别介绍新王，一星期后将铁纱隔板抽出，换上巢脾隔王栅，这样就组成了多王群。

（4）在多王群中提出带王几框蜂另组多王群，或放在卧箱两边均可。中间空出的位置，可用铁纱隔板隔开，内边不要有蜂，巢口向后，内边放上有蜜、有粉的空巢脾，将小脾上的蜂和王也放到里边，不久蜂和王会自动爬上大脾，或用正在出房的工蜂脾抖落成蜂，放在里边，这样会更好。几天后抽出铁纱隔板，换上巢脾隔王板，巢口改前，并成一个，即可改成多王群。

（5）多王群应有大、小区之别，在大区产卵一段的蜂王，可提入小区内休息，小区蜂王可提入大区内产卵，这样轮流休息，可加速产卵。

（6）对于一些多余的蜂王，我们用本地出品的储王笼来储备，或按福建莆田陈锦林同志介绍的方法把蜂王放入空气窗内（夏季），以备后用。

以上我们是用在意蜂上的，中蜂没有试验。

豫西南减少越冬蜂损失的关键措施

豫西南不少蜂友秋末停产关王时间大致在 9 月下旬至 10 月上旬，此时温度常在 15~25℃。初时蜂多，继箱撤不下来，单王群箱内放 9 脾蜂、继箱 7 脾蜂，共 16 脾蜂。双王群巢箱内每边 4 脾蜂，继箱 7 脾蜂，共 15 脾蜂。早晨从继箱纱盖往下看，以看不见框梁为准，以继箱越冬。但到来年春蜂时，最多不会超过 5~6 脾蜂，甚至只留下 1 脾蜂。那么大量的越冬蜂哪里去了？回答很简单，损亡了。为什么 1/2~4/5 的越冬蜂没有了呢？越冬效果为什么这么差？原因很简单，就是控飞不好。我地冬季气温不断上升，越冬后期气温常在 5~12℃，极少年份最低气温也不会低于−13℃，整个冬季蜂飞不断，到头来蜂无蜂、蜜无蜜，损失巨大。

通过笔者多年来的养蜂经验、教训，采取了如下措施，大大减少了越冬蜂的损失。现将一些关键措施介绍给广大蜂友们，望蜂友们试行。

（1）彻底治螨。在培养越冬蜂前必须彻底治螨，把螨害降低到最低。在芝麻、棉花中后期，关王 10 天，彻底治螨。

（2）培养 5 脾以上的越冬蜂。在彻底治螨的基础上，要培养 5 脾以上的越冬蜂。豫西南培养越冬蜂时间大致在 8 月下旬至 10 月上旬，在这一个多月里，即利用柳盂头花期培育越冬蜂。以春天形式来培育，即箱外要适当保温，或夜晚用塑料薄膜将整个箱体盖住加温，上午 10 时以后撤掉。用奖饲形式来进行，待新蜂出完后，撤去保温物。

（3）喂足越冬饲料。喂足越冬饲料形式有二：一是奖饲形式，每晚在箱门口奖饲0.5千克的1∶1的蜜水，连续不断，到关王时饲料已满足，达到了一脾蜂一脾蜜（脾蜜达2.5千克）的要求。二是在关王18天左右时，在两三天内喂足越冬饲料，时间越短越好，量要足，在无盗蜂的情况下，白天也可在箱内喂饲料，也要达到一脾蜂一脾蜜的要求。

（4）合并弱群。凡是在3脾以下的蜂量，在10月中旬左右应合并蜂群（合并时要注意蜂王的安全），要达到5脾以上的越冬蜂。

（5）禁止处女王越冬。由于停产关王时间早，很可能关王后出现处女王，若处女王交配成功也是一个劣质王（受蜜粉源限制、缺少足够的优质雄蜂、气温等因素影响），不应保留。但大部分处女王不易交配成功，老王也有被围困而亡的可能，发现这种情况，应立即去掉，决不允许处女王越冬，否则损失将是巨大的。

（6）推迟关王时间。西峡县关王时间大致在9月下旬至10月上旬。以后气温一直在20℃以上，外界尚有少量蜜粉源，因而工蜂大量出勤、活动，观察发现，很少蜜蜂在做采集工作，绝大部分是空飞，空飞的结果是蜂、蜜俱损，群势消亡很快。实践证明，关王应向后推迟半个月，应是10月下旬为好。这样蜂体特别年轻化，且群势比早关王时大近半倍左右，对翌年春繁大有好处，是值得提倡的，蜂友们一定要从长远着眼，才有出路。

（7）继箱越冬形式好。近年来笔者采用继箱形式越冬，到翌年蜂体损失不超过8%，而用常规形式越冬到翌年春繁，蜂损几乎一半，甚至更多。关王时具体做法是①单王群：继箱内只留7个蜜脾，等距离，王笼放中间箱脾一面的靠上框梁1/3处（视蜂多少放蜜脾，脾距保持在3.3厘米左右），上盖铁纱板、覆布、大盖。在继箱下面是空巢箱（巢箱内不得放任何东西）。巢箱若有底窗应大开，并将箱支高10厘米左右。②双王群：在巢箱每边只留3个蜜脾，脾等距，王笼放在每边靠中隔板第二脾朝中隔板一面的靠上框梁1/3处，上放空继箱（继箱内不得放任何东西），若有底窗应大开，箱支高与单王继箱越冬箱等高（若为双群也放在继箱内，下放空巢箱的话，那么将有一王可能受损，故不能上放）。这样加大了空气的流通，大大降低了巢温，就可有效控飞了，从而减少了蜂群的空飞。由于双王继箱越冬蜂放在巢箱内，空气流通不如单王继箱越冬，蜂损相应要高一些，故蜂友应以单王继箱越冬为好。

（8）预防鼠害。小小老鼠能毁坏一群蜂，尤其是田鼠危害更大，它不但进巢内吃蜜，而且啃咬蜂箱，一旦做窝，拉屎拉尿，即使蜜蜂仍有存留，到翌年也很难发展壮大起来。有效的预防办法是：堵塞蜂箱缝隙处，在巢门口每隔

1 厘米钉上一小铁钉，能阻止田鼠的进入。

（9）越冬箱要放在土地面上。不少蜂友为了清洁卫生，往往把越冬箱放在水泥地上，殊不知水泥地面是夏热冬冷，若将越冬箱放在上面，这样蜂外飞在水泥地面休息时，就可能因冻僵而亡，加大了蜂的死亡率。正确的做法是把越冬箱放在土地面上。

（10）救起假死工蜂。由于种种原因，蜂外飞在地面上而被冻僵，此时就应该用扫帚轻轻扫起，集中一处，用洁净的木锨或木板搓之。然后将假死工蜂倒入一个去掉纱盖、在蜂团框梁上放的一张纸的上面，恢复箱原装，假死工蜂就会随着蜂团上升的温度而速醒过来，可把假死工蜂的死亡率降到最低。

（11）多作箱外观察。越冬期间，应多作箱外观察，尽量少开箱检查，以免打乱蜂巢正常温度，干扰蜂生活。在不得已的情况下，要轻拿轻放，准而快。

只要蜂友认真做好以上工作，就会有效地降低越冬蜂的损失。

一年四季蜂群管理要点

西蜂春繁好坏直接影响本年度经济效益，要搞好春繁必须做好 10 件事。

1. 时间选择

西蜂春繁时间不能以节令来确定，应以本地温度及外界已有的少量粉源来确定。一般应选择在日最高温度 10℃ 以上、外界有少数花开放及近期内无雨雪之日为春繁开始日。

2. 定群势

根据蜂场普遍群势和利用什么蜜粉源来定群势。如本场越冬群势较弱，合并又因某种原因不能达到利用某种蜜粉源的目的。例如，利用油菜蜜源、刺槐蜜源及荆条蜜源，距离花期时间越长，开繁群势越弱（有较长时间繁蜂）。利用油菜蜜源开繁群势为 4 脾蜂，利用刺槐蜜源开繁群势为 2 脾蜂，利用荆条蜜源开繁群势为半脾蜂（当然群势越小越需精心管理），根据自己意图自由选择。

3. 排泄

群势决定后，要促蜂排泄。如白天箱盖上加盖塑料薄膜，增其箱温，使蜂排泄。

4. 选巢脾

西蜂春繁时喜老脾（老脾保温性能好）。但老脾不能超过2年，用黄色脾为好，并严格消毒。应趁日最高温度时快速换下各箱内的老脾。

5. 保温

开繁为4脾群势，只做箱外保温，盖纱盖，在其上放保温物，箱内不必保温。覆布直接盖在框梁上（框梁上需横放几根细棒，以便于蜜蜂横向通过，上放保温物）。半脾群势，蜂放箱中间，两边加隔板，箱内外保温，覆布也直接放在框梁上，方法同上。无论什么群势，夜晚都需用塑料薄膜将整个蜂箱盖住。

6. 补饲

（1）补充糖液。当夜用1∶1的糖液放箱内塑料饲喂器的大斗内。

（2）水。洁净水盛于箱内塑料饲喂器的小斗内。无论是糖液或是洁净水，以一天消耗完为度，以后以蜜储量为标准（有角蜜，脾呈白色，上框梁有小脾，小脾上也有储蜜）调整饲喂糖液量与次数。

7. 饲喂花粉

（1）天然花粉。花粉1千克、白砂糖0.25千克、蜂蜜0.1千克拌匀。用开水泡开，搅拌，将其搓成手指粗的条状放在上框梁上，条状上盖塑料薄膜保温，以5天吃完为度。

（2）代用花粉。饼干粉、大豆粉等人工代用粉，按比例拌匀成半湿状，手捏成团（放开即散）。直接放入箱内巢脾空处，或放在加脾上，用手搓平或装半巢房眼内，以免掉落浪费（此粉比天然花粉差些）。

（3）其他代用品。糖糠粉、五谷粉、麦粉等其他下等代用粉，若周围2千米内无其他蜂群，可将此类代用粉直接放在蜂场周围，任蜂自由采用，但粉质量最差。

8. 第一次加脾

春繁第一次加脾很重要，加脾晚了影响蜂群繁殖，早了影响巢温。一定要做到恰到好处。开繁4脾群势的，早晨揭开铁纱盖上的保温物，看上框梁，蜂在其上，看不见上框梁，再看隔板外大约有1框蜂，速开箱，在隔板内、边一位置上放一事先准备好的巢脾。开繁 2 脾蜂。半脾蜂标准同上。

9. 撤保温物

外界最低温度在 15℃以上时，先外后内，逐步撤保温物。

10. 预防疾病

开繁的同时要做好各种疾病的预防工作（按常规方法预防），外界有大宗蜜粉源时，即按常规方法管理。

以上 10 条要做好，蜂群当年收益就会高。

夏天要防暑降温，继续追花夺蜜，继续生产王浆，继续培育换新王，防治大小蜂螨，防疾病，防敌害，有洁净水源。

秋天除继续做好上述工作外，还要全部换上新王，培育越冬蜂适时断子，彻底治螨。

冬天要合并弱群，双王同箱饲养，蜂多了脾布巢，6 脾以上群势继箱越冬，遮阴控飞，一脾蜂一脾封盖蜜，防震、防光、防老鼠，适时排泄，防饥饿、防冻，挽救假死蜂。

春繁时根据温度高低、蜂量多少来确定人工保温措施

近年来不少蜂友反映春繁时不论什么蜂无须保温，蜂能自己很好地春繁，不但春繁速度快，而且新蜂质量高，老蜂寿命长（因不伤热），群势快速增长，能取得高经济效益。果真是这样吗？我认为保温与否要看情况处理，不能一概而论，要灵活运用。

如同样的群势，因地理位置不同，保温与否要根据温度而定，黑龙江省的 4 脾蜂春繁时，就需要内外保温良好，因春繁时温度都在 0℃左右，而江南 4 脾蜂春繁时，就不需要内外保温，因此时温度常在 10℃左右。再者要根据蜂量多少来确定保温与否，群势越弱（西蜂在一脾蜂以下，中蜂半脾蜂以下），温度在 0~10℃时就需内外保温，0℃以下更需很好保温。众所周知，春繁育子温度要保持在 34~35℃，若温度低蜂量少，保证不了育子温度，若强行维持育子，那么就会很快消耗蜂的体力，使蜂提前死亡，最后只剩一把蜂，已无饲养价值了。

20 世纪 90 年代初，西峡一个周姓蜂友，春繁时不内外包装保温，不分群

势大小都不保温。和他同村的郑姓蜂友，春繁群势还不如周姓蜂友，因做了适当的保温，到春末夏初时，郑姓蜂友没损失一群蜂，而周姓蜂友 20 群蜂，每群只剩下一把蜂，没办法，只得把 20 群蜂痛心地合并成一群，但合并的这群蜂还没有郑姓蜂友的一群蜂量多。周姓蜂友白白损失了 19 群蜂，多么悲惨！像这样的实例西峡还有。所以，春繁时保温与否，要根据当地温度高低、蜂量多少来确定，要灵活运用，不要死搬硬套。

破译杨多福大师养蜂之谜

“数控养蜂法”的创立者杨多福大师于 1995 年椴树开花时，把蜂场设在离椴树蜜粉源很近的山坡下。当时正是椴树开花盛期，但奇怪的是他蜂场的外勤蜂不到附近去采蜜，却到 5 千米以外的远处去采蜜。两处相比，远处的椴树花情还不如蜂场附近的花情，这是为什么呢？外勤蜂为什么会舍近求远呢？他百思不得其解。为此，他投稿《蜜蜂杂志》，以“养蜂奇事”为题发表了一篇文章（见 1996 年第 8 期），以求解谜。我看了以后当即给杨大师去信进行解谜，并投稿《蜜蜂杂志》（见蜜蜂杂志网）。众所周知，植物能很好生长，土质与肥料是重要的两个因素，在同一地区、同等条件下，上述两个因素越优越，植物生长越好。而植物开花流蜜与否，还要取决于土壤中微量元素硼、锰、锌的含量多少，越多流蜜越好，凡土壤中有硼 5.1×10^{-7}、锰 1.07×10^{-6}、锌 4.5×10^{-7} 左右时，开花就能很好流蜜。凡硼含量在 1.35×10^{-7}、锰在 0.14×10^{-6}、锌在 1×10^{-7} 以下时，光开花而少流蜜，甚至不流蜜。

杨多福大师蜂场近处的土壤中肯定微量元素含量不足，达不到流蜜的要求，所以，光开花而少流蜜或不流蜜。而远处花虽不及近处，但远处有蜜可采，所以外勤蜂舍近求远，并不奇怪。

杨多福大师很快给我回了信，信中说：“你的大作《土壤中微量元素硼、锰、锌的含量对植物开花流蜜的影响》（见《蜜蜂》杂志 1997 年第 4 期）一文，我没注意到，看了你的来信与文章，谜团顿开，要是早看，我就不会再投稿询问了。”

城市养蜂两个被忽略了的垮蜂原因

西峡县城关约 10 万人，有不少养蜂爱好者，多则十几箱，少则一两箱，放在自己平房顶上或阳台上，无论中、西蜂，近年来，均未养成，基本上没什么效益。

无论是炎热的夏季，还是寒冷的冬天，一年四季均不同程度出现蜂外爬、死后吻伸出，似中毒死。按爬蜂病治疗，花费不少，可根本无任何疗效，为此垮蜂甚多。

多年来，我仔细观察与研究得知，此现象与水和空气有关。城市地面干净，街道上不时还洒水，可以说够整洁了。但对蜜蜂而言就不是那么回事。蜜蜂采不到自己理想的食用水，采来的都是污水（污水的外泄部分），食用后怎能不中毒？再者城市工厂较多，废气、粉尘或多或少污染了空气，也导致蜜蜂中毒而亡。

这两方面因素导致城市养蜂失败，却被不少蜂友忽略了。失败并不可怕，可怕的是失败了还不知道原因。

我曾叫人做过这样的试验，将这些病群迁移到其他处乡下有蜜粉源的地方，爬蜂立止，可以说立竿见影。若实在移不走，可设置干净专用水，供蜂采食。但对于空气污染的城市别无选择，移走蜂群是唯一的出路。

城市养蜂的蜂友们千万不可忽略这两方面的影响。

炎热气候遮阳降温是蜂群壮大的关键措施

1999 年油菜花时节，我在淅川县大石桥乡一个白姓蜂友家里玩，那时其他蜂友都没升上继箱，可这位白姓蜂友 30 群蜂就有 28 个继箱群。个个都是上下各 6 脾，共 12 脾蜂的极强群。油菜花一个花期就获得了极高的经济效益，让人羡慕。

芝麻花期时，这位蜂友一天打几次电话，他要我赶快到他处查看蜂群，不知什么原因群内无子，眼看蜂要完了。我心急火燎地赶往他放蜂的地方。到处一看，我大吃一惊，怎么只剩下 15 个弱群了。花期正盛，几乎没有一个蜂出勤。我问他其他蜂哪里去了？他回答："就这些。"我痛惜极了，春天那么好的蜂群，现在却成这样。我掀开蜂箱一看，群群都是 2~3 脾蜂，群群无子，蜂寥寥无几，根本护不住脾，且脾上绵虫透丝，几乎用不成。

这位蜂友问我为什么会这样？我痛心疾首："为什么不早告诉我？"他说："我住得远一点，不便联系。"我责问他为什么不找别的蜂友来查看、治疗呢？他说找了，可人家说不知道。就这样，天气越来越热，随着气温升高，群内子越来越少，现在根本无子了，没办法只得合群，所以就成了现在这个样子。我痛心地告诉他蜂没什么病，是热着了。他将蜂群放在太阳光的地里，大盖上还用雨毛毡严实地罩住，怕风吹掉，还用大盖钉钉住，声称是用来防雨的。天快黑时我用手去摸里边的覆布（覆布直接盖在框梁上），个个烫手。我责备他，在 38 ℃左右这样的高温下，又这样盖蜂箱，蜂箱个个都处在 40 ℃以上（因雨毛毡吸热）的高温下，即使蜂王产子，无蜂蜜喂养也是枉然，蜂不垮掉那才是怪事。

我建议他赶快将蜂群移入树林里，立即撤去上面的雨毛毡，盖上铁纱盖，每天上午又将覆布用洁净水沾湿盖在铁纱盖上，采取了遮阳降温等一系列措施。不到一星期，他告诉我群内开始有子了。同样情况，我地也有不少蜂友，将自己的中蜂群用农用薄膜罩箱防雨，也发生了上面所说的情况。他们都采取了我建议的措施，使得蜂群很快有子了。

绝不能在金矿附近设立蜂场

2004 年、2005 年两年，我养的蜂越冬时蜂量都在 8 框以上（继箱越冬均为单王，不用隔王板，上下各 4 框，大开底窗，铁纱盖上不盖覆布），早晨 6 时从铁纱盖往下看，个个看不见框梁，王新、蜂多、储蜜足，心想来年肯定蜂壮，大丰收在望，真令人欢喜。

但好景不长，从冬到春繁，蜂一直往外爬行，即使人工将其捉回箱内，它们仍会往外爬，一天以后蜂死，吻伸出，似中毒现象。

春繁整巢时，蜂量每箱下降为不足 3 框蜂，一脾开繁，有外包装没内包装，蜂还是老样子——外爬而死、吻伸出。我用蜂百克按说明书来治疗这种爬蜂病。5 次为一个疗程，连治了两个疗程，也没什么效果，到 2005 年 3 月 20 日出场，去河南淅川采油菜蜜，每箱蜂已不足半脾，与我越冬时同基础的其他蜂友的蜂已达 6~8 脾，而我却几乎无蜂了。

一到油菜场地，爬蜂立止，几乎没有一个外爬而死的蜂。而在我的蜂场损失却很大，几乎95%的蜂都死去。这是为什么？我思考再三，到此处2500米以内，仔细查看地形，是不是这里在前10年有曾在此开采金矿，并把矿渣再清化一下，下雨后从洞内、矿渣上有污水流进小河沟，蜂是否因采此水而中毒死亡呢？2005年越冬时我将5个强群（蜂量情况同上），有意送往该处进行试验，结果死亡也如同前述。2006年3月22日出场时，蜂量均为不足半脾蜂，到新场后，没有再出现蜂外爬死亡的现象。

这次试验虽付出了一定的代价，但我得出一个结论：凡过去或现在开采矿的地方，千万不能设蜂场，尤其是越冬或春繁蜂更不能去。因为这时蜂死一个少一个，没有恢复的可能。蜂友们一定要引起注意，否则损失将是巨大的。

食用蜂蜜的科学

食用蜂蜜有科学，不少人不知道。一般人的做法是将蜂蜜兑入开水中食用，殊不知蜂蜜中有些氨基酸耐受温度不能超过60℃，否则就失去其生物活性了，这些营养成分就白白损失了，多么可惜。正确的食用方法是：将蜂蜜兑入60℃以下的温开水中食用。所以我们在购买蜂蜜时，不要购买熟蜂蜜（用热疗法加工过的），因为在加工的过程中温度会超过60℃。这种熟蜂蜜一般都比较稠，颜色重，不起泡，甜度大，好看，但花香味较淡，不呛嗓子，实属逊色蜂蜜。

什么蜂蜜好

蜂蜜分为固体和液体两种，市售的固体蜂蜜（也叫岩蜜、石头蜜），一般是人造的假蜜。就液体蜂蜜而言，一般用土办法是可以分清等级的。

首先用洁净的筷子或小棍往市售蜂蜜中蘸取少许，拿出让其流下，看是否是丝状，在丝状的断头处是否就形成一个球体。丝的长度不会超过15毫米。否则再稠、拉丝再长也是假蜜。还是用这根棍，在手指上蘸取少许蜜，看是否能完全融化，若不化则成分越多，说明蜜内杂质越多。最后可以往这根棍上撒些灰土，若棍上沾灰土越多，说明水分越高。

其次，花香味越浓越好，味越呛嗓子越说明是好蜂蜜。

有些蜜冬季有结晶现象，犹如雪粒似白砂糖状，这是葡萄糖结核，等温度升高时，自然会融化开，这是好蜂蜜。还有些蜜冬季会出现上下两层，下层结晶，上层是液体，等温度高时，也会自然化开，上述现象就没有了，这也是好蜂蜜。

有时在蜂场购买蜜时，装入容器内，开始会有起泡现象，不久即消失，这是水分过多的原因，这种蜜是鲜蜂蜜，但质量差一些。

中蜂蜜要比西蜂蜜好一些。因为中蜂吻短，不能充分利用深花冠的花蜜（如油菜、刺槐），善利用零星蜜源，采花的种类较多，花种多，蜜的成分就较复杂。西蜂善利用大面积蜜粉源，吻较长，能充分利用花冠蜜源，花种单一，蜜成分较简单，所以中蜂蜜较西蜂蜜好些。

中蜂蜜和西蜂蜜用肉眼很难分清，故在购买中蜂蜜时，购巢蜜块（带脾的蜜），这样就不会受骗。食用时将巢蜜兑入温开水中（不超过60℃）搅拌，使其化开，待温度在30℃以下时，将蜜水上面的黄蜡去掉即可食用。消费者在购买蜂蜜时一定要注意，不要轻易听信销售人员的话。

袁师傅的蜂为什么年年高产

袁春太师傅是河南淅川老城养蜂大户，他养蜂几十年，蜂年年高产，是远近闻名的养蜂能手，仅早春一个油菜蜜源，10年来群均有535元左右的经济收入，而其他户群均仅十几元或几十元的收入。为什么他们同在一个地区，差距却如此之大呢？究其原因，主要在于蜂的管理方面，他主要做好了以下几个工作。

1. 秋季管理

秋季蜂群的强弱直接影响翌年春季群势的强弱，袁师傅清楚知道这一点。他从夏季荆条开始流蜜时，就将所有老王趁荆条蜜源旺盛时，一次性地大规模换上新王。7月份狠治蜂螨，把螨害降到最低程度。在芝麻流蜜后期，将群势达不到15框蜂的蜂群一律合并。在柳孟头流蜜时，别人家在取蜜，可他在奖饲，用1∶1的糖浆隔日一次，以天明前吃完为量，因此个个巢脾有角蜜，脾呈白色。别人怕蜜压子圈，他却反其道而行之，他对人常说，蜂会自然调节育子数的……从9月10日~9月15日，将所有蜂王扣起，并放宽蜂路，巢、继箱各只放7个巢脾，蜂王放在继箱巢脾中间，到10月中下旬再狠治蜂螨1次，并在2~3天内夜间猛喂越冬饲料，务必使每个巢脾储满蜜，群势定要达到满

14 脾，达不到的就合并。

2. 冬季管理

他养的 70 群蜂全部是继箱越冬，继箱上面铁纱盖上从不放覆布，把蜂群全部转移到阴凉处，放成两排，用保蜂罩遮盖蜂箱，严控蜂空飞，20 天后将蜂箱逐个放回原处，爽飞一天。其他方面按常规管理。

3. 春季饲管

（1）小寒开始春繁。他居住的地方在丘陵环抱的小平原之中，背风向阳，平时比别处温度要高 0.5~1℃。小寒时外界温度最高常在 6~8℃，只要近期天气晴好，他就开始做春繁的准备工作。逐个将蜂群移到预定的位置上，开始整理蜂群，凡不足 4 脾蜂的一律合并，多余的蜂王组成双王饲管（每边放 2 脾），无论是单王群还是双王群，清晨从铁纱盖往下看，隔板外至少有半脾蜂，不足的再合并，一定要达到上述要求。

（2）只做箱外保温。袁师傅从养蜂开始只简单做箱外保温，从不做箱内保温。他应用杨多福大师提倡的宁冷勿热，得心应手。

（3）奖饲。从外保温开始，他从三方面奖饲蜂群，即箱内饲糖浆（1∶1糖浆），以清晨吃完为限，隔日一次。饲水，在饲养器小盒内倒洁净之水，供蜂采食，饮完就补。奖花粉，用 1∶5的热蜜水将花粉泡开，搓条放在框梁上饲喂，食完再补。

（4）第一次加脾。春繁时第一次加脾至关重要。当第一批新蜂开始出时，清晨从铁纱盖往下看，隔板外聚集有 1.5 脾蜂时，速在边二位置上加一预先准备好的经过消毒的优质巢脾。此后按杨多福大师加脾公式加脾。

（5）上继箱。3 月上旬，油菜花开始流蜜，他撤去所有外保温，停止所有奖饲。此时他的蜂群个个都是满箱，夜间并有 2 脾左右蜂在箱外乘凉。他一次性上继箱，继箱内只放巢箱，提出 4 个将出尽幼蜂的巢脾，巢箱保留 6 个巢脾，上下巢脾对住。

（6）适时取蜜。两三日内幼蜂出尽，从上午 9 时至下午 5 时，各个蜂群遮天蔽日，两天就能蜜封盖。他最头疼的是取蜜。群多蜂壮，三人取蜜（一人抖蜂，一人运蜜脾，一人摇取）还显得人手太少。在油菜花流蜜中期时，他每次只取继箱内 3 个蜜脾，长期保留至少一个蜜脾，使蜂长期处于兴奋之中。

（7）防分蜂。常规管理。

总之，袁师傅饲管的蜂群常年都处于王新、群壮、无螨、无病、蜜足的状态，故而有较高的经济效益。

谁说西蜂不会自造脾

不少蜂友认为西蜂不会自造脾，必须人工做巢础，张到巢框上，供蜂造脾使用。果真是这样吗？不，西蜂也会自造脾，并且都是工蜂房，而且造脾速度快，质量好。

2005 年春末夏初时，山中一张姓蜂友，上山拾柴时，发现一石洞内有窝野西蜂，他要我帮他收回。事隔两天的上午，我们准备好收蜂的一切工具，到此洞前，开始撬石挖洞、割脾、装脾、催蜂上脾等一系列工作，共装了满满 6 脾，6 脾无一雄蜂房，真乃令人惊叹。

2007 年秋末，有一王姓蜂友，叫我帮他割脾取蜜（老方法饲养的），我掀开笼的一头，一看原来是西蜂，我问他什么时间收的？答曰：“今年夏天割麦时在杨树上收的，拿回来就放到这个圆笼内。还以为是土蜂呢。”共 7 脾，蜂房一律是工蜂房，无一雄蜂房。共取蜜 16 千克。

2008 年春我的空蜂箱放在赵姓蜂友的院里，我发现一空箱内不知什么时候自来了一群西蜂在铁纱盖下边已造 4 个整脾，无一雄蜂房。像这样的事例还有。

从几处自来的西蜂来看，都是自造巢脾，且都是工蜂房，并且很少有疾病，也没有发现大小螨，尤为山洞内的西蜂更为突出，这大概是因为无人为干涉，深山老林的自然条件好，蜜粉源好，蜂群密度小的缘故。从而验证了西蜂也会自造脾。

高压线下不要放蜂箱

2007 年刺槐花时，西峡县杨姓蜂友放在自己院内几十个继箱强群，蜂飞嗡嗡，花好天气好，丰收在望。杨姓蜂友内心说不出的高兴。此时一高压线正好从其院上空通过，过了几天，杨姓蜂友发现外飞蜂越来越少，他揭开箱一看，大吃一惊，只见箱内仅剩不会飞的幼蜂，无奈撤下继箱，巢内还是稀稀拉拉的，外飞蜂不知哪里去了。他打电话给我，告知此事。我去了一看，就告诉他是高压线破坏了外飞蜂的磁场，破坏了蜜蜂的导航系统，导致外飞蜂找不到自己的家，飞往他处去了的原因。他不信，我说可做个小试验验证一下。当时有几群幼蜂正在试飞，我们随便捉了几十只，在其背上涂上蓝色记号，过几天查找一下标号的蜂看是否存在。过了5天，在早晨蜂未飞前，查找有标记的蜂，结果几乎找不到一只。这时杨姓蜂友才相信是高压线的问题。我建议杨姓蜂友即刻迁场，别无他法。此后群蜂才慢慢恢复起来。

2009年3月中旬我地闫姓蜂友也遇到类似现象，我劝他赶快迁场，以避免损失。3月21日，他将蜂转移到油菜场地，再没发现外飞蜂损失的现象。

实践证明，蜂箱不能摆放在高压线下，尤其是意蜂，故请蜂友们要特别注意。

油菜花期避免蜂群偏集

2005年，油菜始花期时，我的一位蜂友将自己的50群蜂（群均3脾蜂）运往油菜花场地，由于家中有事，他将蜂群放在别人的一个蜂场内（相距不到10米），别人都是继箱群，安排完毕，即回家料理家事，托同场蜂友看管。几天后返场，他大吃一惊，几乎没有外勤蜂，可另一场出出进进特别强盛。原来他的蜂群较弱，另场较强，结果他群的外勤蜂汇入他场。到出场时，另场群均产蜜40千克，而他滴蜜未进，几乎垮场。2006年我的另一位蜂友，因没场地，与他的一位蜂友协商，将自己40群蜂（群均2脾蜂）与其同放一个场地采油菜花蜜。两场相距不到2米，因自己蜂的群势远不如他的朋友，结果眼睁睁看着自己的外勤蜂几乎全部涌入朋友的蜂箱内，更别说摇蜜加脾的事。没办法只得忍痛抽脾缩巢，但还不行，只要工蜂一试飞，就不自觉地涌入朋友群中。这位蜂友没办法，到油菜花中期时，只得早早退场。2007年油菜花期，我的另一蜂友也发生了类似事件，还好，他的朋友不忍心他垮场，出场时送他5箱（36脾蜂）以示友情。

像这样的惨痛教训，我地还有。故请蜂友注意，早春繁蜂，油菜花期千万注意不要偏集，自己的蜂群偏集一点影响不大，如果偏集到别人蜂箱内，话就不好说了。一定要掌握蜂是不扶贫的，哪群壮，弱群外勤蜂就飞往哪群；哪群在下风头，蜂会偏集到上风头的蜂箱内，蜂也不自觉偏集黄色蜂箱内。你群势不如他人，最好远离以避免垮场；尽可能不要摆在下风头，尽可能不与黄色蜂箱同场饲养。

综述介绍蜂王的方法

因生产的需要，换王、介绍蜂王是养蜂中经常发生的事情。而介绍蜂王是养蜂三难事之一（介绍蜂王、合并蜂群、预防盗蜂称为三难事）。如不采取必要的措施，方法不对头，就会导致失败，给养蜂带来不必要的损失。

我养蜂 40 余年，总结以往的经验教训，积累了一些方法措施，现介绍给广大蜂友，望根据自己的具体情况来进行介绍蜂王。

蜂友们都知道，介绍蜂王有直接和间接两种。蜜粉源丰富时或天气寒冷时，可以直接介绍，平时只能间接介绍。

1. 直接介绍

（1）将老王捉去，在捉老王的地方，立即放新王。

（2）在失王群（群内有幼虫，没有任何王台）巢门口或框梁上放一新王让它自己爬进巢房内。

（3）在 10℃以下失王的蜂团外放进一王即可。

（4）冷冻法。夜晚将中蜂失王群的纱盖去掉，冷冻蜂团 2~3 小时，以红电灯照亮察看（或将手电灯头上用红布罩住），以整个蜂团不动为标准，将王放到蜂团外侧即可。用此法也可合并蜂群。

2. 间接介绍

（1）熏烟法。用枯草烟或蚊香烟或烧纸的香烟从巢门口往失王群内喷适量的烟，也对蜂王身上轻轻喷几下，立即将蜂王放入巢门口，让它们自己爬进巢内。

（2）扣王介绍。购买的或自制的扣王罩均可。将蜂王扣在失王群内有储蜜巢的脾上，视罩外无蜂咬啃时，将王释放。

（3）溶液法。用蜜、水、酒各 1/3，置于喷壶内，将此溶液喷到失王群内每个蜂的蜂体上，轻轻对蜂王也喷几下，即可将蜂王放进巢内。

（4）报纸介绍。将报纸卷成筒状，上穿适量的小孔，将蜂王放进此纸筒内封口，放进巢内。让工蜂慢慢撕咬开纸。

（5）火柴盒介绍。将蜂王放进火柴盒内，将此盒放在失王群框梁上，待蜂不啃咬时将蜂王释放。

（6）葱或蒜捣泥法。将葱或蒜捣泥适量放失王群内底板上，轻轻在蜂王身上也适量抹一些，即可将蜂王从巢门口放入。

（7）用煤油或清凉油之类有异味的物质介绍。将此类物质适量放进失王群内底箱板上，将蜂王翅上少许沾一些这类物质（不要沾到全身体上）从巢门口将王放入。

（8）失王群箱去大盖与覆布。铁纱板上边放一空继箱，将连蜂带王的这些巢脾放进此继箱内，上开小巢门。几天后，去掉铁纱板，即可合并介绍。

（9）将失王群蜂路卡好，盖好箱盖，立即将蜂王从巢门口放入巢内并塞好巢口，即振动箱体，使蜂混乱，此法很宜用于中蜂。

（10）蘸蜜法。迅速将蜂王往蜂蜜里蘸一下，拿出放入失王群巢内，任蜂舔食。

（11）喷水法。在失王群蜂蜂体上喷水，多少以往下流水为标准，蜂王身上也喷水，即可将王直接放进巢内。一年四季均可用此法。

（12）贵重蜂王的介绍要慎重一些为好，选几张正在出幼蜂的巢脾，抖去所有成蜂，放进另一箱内，封死巢口，将王放入巢脾间，盖好箱盖，几天后再查，视蜂多少照上述方法适当调整巢脾。

总之，方法很多，根据自己的情况进行选择。中蜂介绍蜂王较易成功，西蜂要慎重进行。

预防秋末同等蜂量的双王群越冬不如单王群的方法

不少蜂友提倡饲养双王群。因为一箱内两个蜂王产子，总比一个蜂王产子多，所以繁蜂快，蜂数量多，群势壮，就可增产。

我养蜂几十年，对饲养双王群有深刻的体会。在蜜粉源丰富时，双王繁殖，单王生产就可取得满意的效果。但是秋末蜜粉源枯竭的时候，双王群繁蜂就不如单王群了。同样是 8 脾蜂越过冬，单王群足有 4~5 脾蜂，而双王群只有 2~3 脾蜂。为什么两者如此悬殊？这是因为双王群秋末培育越冬蜂时，花粉不足，蜂得不到充足的营养物质（花粉），培育出的是弱质蜂，它们寿命较短，有的越不了冬就死了，故翌年春群势弱。而单王群正相反，翌年春群势强。

为什么同样都是 8 个巢脾，秋末培养越冬蜂而双王群的花粉不足？这是因为双王群中的每个蜂王占4个巢脾，而单王群是8个巢脾。双王群产子多没有充足的储粉巢房，故花粉少。相反，单王群有充足的储粉地方，所以花粉多。

怎样预防上述现象的发生呢？双王群秋末不要轻易撤除继箱，继箱内中间放两个空巢脾，供蜂储粉；同时应加强保温工作。如在继箱两个隔板两边填塞保温物。这样双王群越过冬的蜂就会超过单王群了。

蜂箱不宜放在水泥地面上

水泥地面易热、易冷、易积水。下雨时，土地地面湿而无水，水泥地面有积水，蜂被黏住就会被淹死。冬季、早春和晚秋，蜂落在巢前水泥地面上会被冻死，若遇雨雪天会冻死更多。夏季，水泥地面温度比土地地面高得多，蜂落在水泥地面上又会被烫死。有一年在培育越冬蜂时，我将蜂场放在水泥地面的晒谷场内，一场小雨过后，90%的归巢蜂被雨水淹死了。一位蜂友把蜂箱放在一段废弃的公路上，当时气温在33℃左右，中午有不少采集蜂落在蜂巢前的水泥地面上，结果一半外勤蜂被烫死。所以，不要随便将蜂箱摆放在水泥地面上。

豫西南什么时间扣王断子与翌年春繁为好

豫西南多数蜂农都是利用柳盂头花期（8月中下旬）培养越冬蜂，9月中下旬扣王断子。此时气温常在18~28℃，蜂整日乱飞，很难控飞，蜂龄老化快，死蜂很多。9月下旬山区的白菊花首先开花流蜜，10月中下旬至11月上旬，从山顶到坡下，遍地的黄菊花相继开花，流蜜粉且量大。此时气温常在12~16℃，气温适宜，又因巢内无工作，所以，大量工蜂出巢采集。蜂死亡率极高。芝麻花期时，14脾蜂以上的强群，到翌年春繁时都成了弱群，不足3脾蜂，且蜂老化严重，直接影响油菜花期的利用。蜂农们年年如此，他们为什么不利用野菊花蜜粉源呢？原因是菊花流蜜时，气温下降，尤其是阴坡面，怕蜂冻死，来个弃花躲蜜。没有想到，此时夜间最低温度在12℃以下，而白天最低气温也要高出12℃。中蜂在7℃以上、西蜂在10℃以上为最低安全出巢采集气温，蜂不会冻死，所以这些顾虑是不必要的。他们为什么会这样，主要是受传统习惯影响所致。养好蜂就得学科学，用新技术，要改变过去的旧做法。

我地有一王姓蜂友，他在 9 月 5 日扣王断仔，到 10 月中旬后野菊花开花时，蜂损一半，无办法，只好重新放王产仔，这才叫得不偿失。豫西南什么时间扣王断子为好，我看要以当地气温而定，不要以节令而定。野菊花中期就是扣王断子时，虽说多费点饲料，但却换来了丰收年景，野菊花蜜粉源足够越冬饲料；蜂增一倍，且都是青年蜂，蜂群质量显著提高，不要顾虑最后一批幼蜂试飞、排泄不了，12 月上中旬，白天最高气温常在 10℃以上，幼蜂试飞、排泄不成问题。这样翌年春季就能以 4～5 脾蜂开繁。中蜂自控能力极强，秋末不必扣王断子，任其自由。

翌年春繁时也要改变过去旧的做法。我地大部分蜂农都在离春节前 1 个月、前半个月或立春前后开繁。此时气温常在 2～4℃之间，甚至在 0℃以下，冒寒春繁，虽加强了内外保温，但不尽人意，饲料消耗极大。若遇大雪天外围子脾会因冷冻而死，且蜂死亡率极高，群势下降快，且育出的都是弱体质蜂。正确的做法是室外温度在 10℃以上时开繁为好。大约在元宵节前后，此时野桃花已开，外界已有了少量蜜粉源，很适宜工蜂外出采集，再加上人为奖饲，蜂群会很快强大起来。虽比传统做法开繁晚 15～30 天，但蜂无损且不需内保温，同时王产子到边角，育子率高，幼虫体质强，越冬蜂有的到油菜花结束时也未死。中蜂只要中空布巢，不需内外保温，仅靠自控就可以。这样就能获得油菜花期高产纪录。

一般蜜粉源条件下巢蜜块的生产方法

新疆的梁朝友是生产巢蜜块的典型代表，他是在蜜粉源丰富的情况下生产的。那么，在一般蜜粉源情况下能不能进行巢蜜块的生产呢？笔者利用油菜与荆条两个花期生产，由于地理条件及环境限制，均为一般蜜粉源，两个蜜粉源各取蜜 2 次。现将生产方法介绍如下，供有兴趣的蜂友参考。

1. 油菜花期生产

每年 3 月中旬前 5 天蜂群已经可以上继箱，但不要急于上继箱，等 5 天再加。黎明时观察，在纱盖下面聚集大量工蜂，以看不见上框梁为度。单、双王群，巢箱巢脾不动加上继箱，在继箱中间只放 1 张事先准备好的生产巢蜜块的巢础框即可。巢础框是这样安装的：

（1）把 4 个或 6 个巢础盒（市场有售）组装到巢框内即可。

（2）装巢础。生产规格自定（我是 4 块生产），有整张二开的、四开的、六开的。分装方法如下：整张的巢框内不装细铁丝，在巢框上下、框梁及两头用塑料薄膜齐框宽，每隔 3 厘米用图钉固定到框梁四边，再安装巢础，四边一定要将塑料膜相接，并用溶化的蜂蜡把巢础固定到图钉上。整张二开的在巢框内上下框梁中间按 1 厘米厚与上框梁宽度一致的木条固定好，再在巢框的两区分别装上塑料膜与巢础，并用上述方法固定好巢础。整张四开的在巢框上下、左右、中间固定好上述规格的木条，再按上述方法装上塑料膜、固定巢础。整张六开的在巢框等距离再按上述规格各安 2 根木条，按照上述方法装塑料膜、固定巢础。第二天上午检查，发现问题及时纠正，方法是用手挤捏，用小蜡块粘，一定要保证巢础平整，四周粘牢固。

2. 荆条花期生产

7 月上旬开始，蜂量同上，装巢础的方法相同。无论是油菜花期还是荆条花期生产，一般巢蜜块全封盖之后取出，用塑料膜包好储存待售。如果巢蜜块的四边有蜜流出，为不合格巢蜜块，应毁掉重新生产。原因是此处塑料膜安装有问题，应及时纠正。如果只有少量蜜渗出，在渗出蜜的地方放一大小能盖住渗蜜地方的巢脾，用文火轻轻烤一下，趁热用手快速捏一下，阻止此处蜜渗出。第一批生产结束，进行第二批生产。根据实际蜂量，一次 1 张或数张生产，一定要使蜂大大超过巢脾才可有效生产。

笔者用西蜂和中蜂生产巢蜜块。中蜂生产巢蜜块难度要大于西蜂，这是由中蜂采蜜专注性较差（不能很好利用大面积蜜粉源）、好造赘脾、造脾自由所造成的。巢蜜块造型与西蜂相同，纠正方法同上。也是利用上述两个蜜源，与西蜂同时生产，装框与规格、安装巢础方法也相同，不过安装巢蜜盒与巢础要每日检查一次，及时纠正歪、斜、高的毛病，以获得平整的巢蜜块。

布巢础的制作与生产方法

自 2013 年第 3 期《中国蜂业》刊发《蜜粉源一般情况下生产巢蜜块的方法》一文后，不少蜂友打电话或来信息询问有关问题，其中对是否可用布料或塑料布形式来生产单面或双面布巢蜜块特别感兴趣。下面介绍布巢础的制作。

选择优质、较厚的略大于蜡巢础的布料或塑料布一块，准备好自制水泥巢础板1个（怎样制作水泥巢础板见后附件），适量纯蜂蜡，少量纯蜂蜜及锅等工具备用。方法如下：将布料平放于桌面上（最好放在玻璃板上），将蜡放锅内加温化开，并将水泥巢础板合页去掉，只用一面，在带眼的平面上用蜜薄薄擦一下（作为润滑剂），将蜡溶液立刻倒在布料上，立即用水泥巢础板压下，稍停一会儿，用手拿去水泥巢础板，完全冷却后，用刀刮掉多余不带眼的部分，即成单面布巢础。若用双面布巢础，将单面布巢础翻过来，照上述方法压制即可。将制作好的单面布或双面布巢础用图钉钉到巢框上下、左右的框梁上即可。生产方法同文中介绍的方法。

待蜜全部封口成熟后，即可小心取下布巢蜜块，若是单面布巢蜜块还应将布平面上多余的小坠脾用刀小心刮去（不要刮破布料）。这样，美观大方、符合要求的布巢蜜块就大功告成。用薄膜装好待售。

附件：自制水泥巢础板的制作。

将标准优质蜡巢础一块放于干净的冷水中，且泡一星期或放冰箱中，以增强其硬度。做2个3.3厘米厚而略小于蜡巢础的木框，框内中间用几道绿豆粗细的铁丝做成骨架。将冷冻好的蜡巢础平放于桌面上，最好放于玻璃板上，将一副木框压严蜡巢础并放于其上，将纯水泥浆倒入框内，正好能覆盖住蜡巢础。若发现有气泡，用嘴吹或振动的方法，一定要去掉气泡，使巢础每个空眼充满水泥浆。待凝固后，再用细沙搅拌的水泥浆将整个木框填满填平。第二天将做好的半面水泥板翻过来，用同样的方法做另一木框。

2个木框都完全凝结好后，用绳或铁丝将两副木框结实地绑好，放于干净冷水中，使水泥浆慢慢凝固。半个月后取出，去绳或细铁丝。放于热水锅内，使其2个水泥板中间的蜡巢础溶化，2个分离，再钉上合页，自制水泥巢础板即告制成。若生产自制蜡巢础时，将溶化的蜡溶液直接倒到一副带眼巢础板上，立即将另一副板压下，稍停一会儿，轻轻将2个板面分开，取下蜡巢础，用刀去掉蜡巢础不带眼的多余部分。一张完整、精美、不逊于标准蜡巢础的自制蜡巢础即告制成，待用。

巢继箱都有蜂王能增产吗

2012 年 8 月下旬，正值柳孟头开花流蜜盛期。一天下午，我路过县城西部老 312 国道封湾段时，发现有数箱西蜂继箱群放在公路旁，养蜂人正在检查蜂情。我出于对蜜蜂的喜爱，我于是下车观看。

我默默地站在看蜂人箱后边，他正在逐脾检查。巢箱一王共 8 个巢脾，几乎脾脾满子，最后他又将两边两个巢脾移向中间（因这两脾子不满），使蜂王进一步产子。每个脾面上几乎没有储蜜。整理好巢箱后，他又去整理继箱。继箱内也有一王，内放 7 个巢脾，每脾都是满子，也没什么储蜜。然后盖好箱盖，整理结束。

我笑嘻嘻地对他说，这越冬可是个好壮群。他爱理不理地对我说："现在正是柳孟头流蜜盛期，我想摇点蜂蜜，可是没有，你咋能这样说。"我郑重其事地对他说："你现在的目的是想多摇蜜，繁蜂为副，是不是?"他回答："是。"我说："你这种做法是达不到目的的。你的蜂不少，但布巢方法不对。"他问我："不对吗？为什么？怎样才能使繁蜂、取蜜两不误呢?"我估计他是一个养蜂新手，于是我耐心对他说："这种做法蜂负担太重，出勤蜂少，就少取或不能取蜜，只能繁蜂，若遇到下雨、天气不好，如温度低，蜂还可能有脱子或饿死的危险。"怎样才能做到两不误呢?

在流蜜开始时，将两王放进双王巢箱内，每边放 3 张空脾，原巢中 15 脾蜂中的 9 脾封盖子抖蜂，另放他群处理，还剩 6 脾蜂，放于继箱内，中间、两边各加个空脾。此时巢箱 6 个空脾，蜂王大量产卵，大大刺激蜂出勤采集，继箱 8 脾，比原巢箱少一脾，虽只有 2 个空脾，可用作储蜜；因新蜂不断出脾，又空出了巢房可储蜜。这样利用有限幼虫作为动力，就可以做到两不误。他又问："眼下该怎么做?"我说："现在虽误了最佳布巢方法，亡羊补牢，也能挽回一点损失。"

他听了我的建议，立即行动起来，按我的说法去换箱布巢。10 天流蜜期基本结束，我每箱平均取蜜 27.5 千克，他这箱只取了 7.5 千克。他其余继箱未取一点蜜。越冬前每箱平均饲料糖 10 千克，取蜜这群蜂群势比其他群只少了半脾蜂，但多了 7.5 千克蜜。

蜂在一处，同一个蜜粉源，同群势，取蜜多少，重在布巢处理方法上。方法对路，就多取蜜；反之就少取或不能取蜜。务必请蜂友注意。

有计划地壮大群势是增加养蜂效益的重要措施

前几天我遇到冯姓蜂友，在交谈中他抱怨：2012 年柳孟头花大流蜜，别人一群能产 15～25 千克蜜，而自己已饲养近百群蜂，却一两蜜也没有。我问他是否群势太弱。他邀我去看他的蜂群。我打开箱一看，是双王群，每边 4 脾蜂，继箱 6 脾蜂，继箱两边隔板外各有 2 脾左右的蜂，群势并不弱，怎么不产蜜呢？我再仔细看，原来尽是幼蜂。我再次寻问，前半月群势怎么样（当时正值柳孟头花大流蜜阶段）；回答：那时是大封盖，蜂还没出……问题清楚了，原来是群内工蜂达不到去巢外工作的条件所致，而不是因为外勤蜂不能出巢采集。

那么什么是外勤蜂呢？众所周知，工蜂的分工是按日龄来决定的，即 1~3 日龄蜂，生长发育，熟悉环境，打扫卫生；4～7 日龄蜂，饲喂大幼虫；8～17 日龄蜂，饲喂小幼虫，生产王浆；18 日龄以后的工蜂才成为外勤蜂，即出外采集蜜。但也不是一成不变的。根据外界因素，巢内实际情况，工蜂也可提前或回到原来的工作。但总的来说，是按上述日龄、任务担负不同的工作。

因此，蜂友要心中有数，有计划地增加大群势。如预计刺槐 4 月 20 日大流蜜，那么必须在 21 天（从出蜂）+17 天（幼蜂成为外勤蜂），即在 38 天前养出的工蜂才是刺槐花期的外勤蜂。这就是说，4 月前 20 天+3 月后 18 天，即 3 月 13 日前培养出的工蜂才是刺槐花期的外勤蜂，这样才能夺取刺槐花蜜大丰收。

怎样才能在 3 月 13 日前培养出大批优质的外勤蜂呢？必须进行小转地，到油菜花场地，少取蜜，以增群势为目的。没条件的可进行奖饲。要获得某个花期增收，必须在此花大流蜜前 38 天培养出幼蜂，到时才有外勤采集蜂。只有这样才能达到高产的目的。

听我说了这些话，冯姓蜂友才恍然大悟，他再三感谢，说以后一定要有计划地增大群势，夺取养蜂高效益。

不同蜂量的取蜜法

每年蜂群有强有弱，要根据蜂量多少（尤其是油菜花期）采取不同的取蜜法。

（1）2 脾以下蜂的取蜜法。对于这样的弱群要做到适当保温（油菜花期），虽然获得大丰收是不可能的，但若以蜂群复壮为主，只要天气好，还是可以适当取蜜的。取蜜时将上一群取过蜜的老子脾借给这样的群，将蜂王捉放到该脾上，然后再抖该群巢脾上的蜂。此法虽麻烦些，但不易失王。

（2）3~5 脾蜂取蜜法。在隔板外放一空脾，供储蜜。只取此脾，其他脾不取。

（3）6~7 脾蜂取蜜法。继箱内放 4 张老子脾，巢箱只留 2~3 张小子脾。一星期后在巢箱两脾之间或边二位置上放一张巢础供蜂造脾使用。此后，每周在边二位置上加 1 张巢础供蜂造脾。总共加到 6 张时停加。继箱上的 4 张脾，只要有成熟蜜即取。

（4）8 脾以上蜂的取蜜法。按常规管理，适时升继箱、取蜜。

生产王浆要用双王群

在几十年的养蜂生涯中，我深刻体会到，在同蜂种同蜂量同场同期生产王浆，双王群产量要大于单王群；而生产蜂蜜则相反，单王群产蜜量要高于双王群。这是因为双王群有两个王质气息，而分配到每个工蜂身上的这种物质比单王群多 1 倍。蜂群为了生存，哺育幼虫的能力就比单王群哺育能力高出 1 倍，所以产浆量双王群比单王群要高得多。而产蜜量正相反，双王群哺育幼虫多，负担大，就影响采蜜量，所以产蜜量低。

为此笔者建议：生产王浆要用双王群，生产蜂蜜要“利用有限幼虫作为动力可增蜜 30%以上”。

平均使用群势进行繁蜂或生产是极其错误的

无论是繁蜂或是生产，绝不能平均使用群势，否则会造成一定的损失。如某种原因后秋群势不强，势必造成翌年春繁群势弱的局面（3 脾蜂以下），在这种不利的情况下，春繁时可采用集中工蜂的方法：组织几个或一定数量的 4 脾蜂以上的群势进行繁蜂，多余的蜂王，一次性地集中储备起来，或只要能保住蜂王不死，用小脾双王同箱来春繁，这样蜂群特弱。待群势达到平箱后，按杨多福大师的方法，每 6 天提出一张不带蜂的老子脾，补充弱群，原群加优质空脾供王产卵。这样可使春繁速度加快 1 倍。

生产时也不能平均使用群势，如有 100 脾蜂，均分 10 群。各 10 脾蜂的总采蜜量还不如 6 群、每群 14 脾蜂的采蜜量，多余蜂王，可组织双王同箱饲养进行繁蜂。具体工作方法是：2 月 1 日左右选好带头群，按计划快速揭箱，集中工蜂，一定要达到繁蜂群势，如采油菜花蜜需繁蜂群势在 4 脾以上的蜂，采刺槐花蜜需 2 脾蜂和若干个特弱群，第二天中午在 8℃左右，可用塑料薄膜除箱前壁全覆盖，让阳光照射，促蜂排泄，同时将多余蜂王组织双王同箱饲养，或集中储备到失王群内，下午进行外包装，第三天整巢弱群内包装，开始春繁。

西峡是 5 月 1 日左右刺槐花流蜜，在 4 月 13 日以前（即流蜜的前 17 天），将老子脾不带蜂集中到预采刺槐蜜的带头群内，按 1 脾子 2 脾蜂计算，预计到 5 月 1 日左右，群势都是在 14 脾蜂以上的强蜂，4 月 18 日扣王，4 月 28 日放王，双王群巢箱，两边各 3 个空脾，单王群巢箱放 5 个空脾，供王产卵，其余放继箱，利用幼虫的诱惑力来采蜜，只要天气好，定能大丰收。

为什么是这样？原因在于不平均使用群势，一是各群的内勤蜂的总数要比若干个强群的（原蜂数不变）内勤蜂多得多；二是蜂群强是多采蜜的基本条件。

全年不管是繁蜂或采蜜，尽量不要平均使用群势（越冬除外），这不仅符合蜂群的生物学特性，而且能取得养蜂高效益。

蜜蜂的“洗衣板”动作

我不止一次地在西蜂场看到不少工蜂在本箱巢门口重复做“洗衣板”动作，无论上、下午都有，尤为天快黑时特别多。动作是这样的：它们头朝着巢门，用第二、三对足站着，头向下垂，前足也下垂，身体向前后做“表演”，形似“搓衣板”动作，用前足的跗节以短而快的动作在巢口箱板上似刮箱的表面，上颚快速从板表面滑过，似在打扫卫生，触角尖紧靠表面不停移动着。

时间不长就会发现它们上颚的下缘似有一点什么物质，稍停一会儿，它们就清理这些物质。有时它们也要挪动一下位置，重复以上的动作。

经过多年的观察，笔者发现这种现象多发生在流蜜期突然中断时，但它们还保持着勤劳情绪，为了保持自身的健康，似在锻炼身体，准备马上飞往蜜粉源处采集。故此建议养西蜂追花夺蜜的蜂友们，一旦发现这种现象的发生，赶快离场去采下一个蜜粉源。

几种常见的蜂种越冬性见表 13A、表 13B 为中、西蜂各阶段发育期比较。

表 13A　几种常见的蜂种越冬性

蜂种	喀尔巴阡蜂	卡尼鄂拉蜂	高加索蜂	美意蜂	澳意蜂	原意蜂
越冬群势削弱率（%）	25.0	26.0	28.2	38.0	41.2	42.2
每框饲料消耗量（千克）	1.45	1.50	1.75	2.15	2.25	2.30

表 13B　中蜂和西蜂各阶段发育期

型别	蜂 种	卵 期	幼虫期	封盖期	出房日期/天
蜂王	中蜂	3	5	8	16
	西蜂	3	5	8	16
工蜂	中蜂	3	6	11	20
	西蜂	3	6	12	21
雄蜂	中蜂	3	7	13	23
	西蜂	3	7	14	24

三、中蜂

中蜂三种升继箱方法效益对比的试验

河南省老界岭蜜蜂园育种场的中蜂群在每年刺槐花期前，一般群势都能达到满巢箱（西蜂标准箱，西蜂框架放 12 脾足蜂），出现白天箱前壁挂满散热蜂，不同程度发生了分蜂热，严重影响采蜜活动。为了避免出现上述现象，就必须适当取蜜，升继箱进行扩巢、降温，才能更好、更多、更快地增加效益。笔者采取 3 种升继箱的方法，定地饲养，通过 1 年 4 个花期的观察试验，收到了不同的效果，现将试验过程的效益报告于后。

1. 试验时间、地点、群数

2008 年 4 月 28 日至 9 月 20 日，在河南省西峡县五里桥镇白河村池水沟组笔者的中蜂场，在刺槐、荆条、芝麻、柳孟头 4 个花期共 48 群蜂参加试验，蜂种为当地中蜂，王为当年油菜花期育种的黑色新王。

2. 试验过程

将参加试验的 48 群蜂，4 月 28 日上午由专人用快刀将每群巢内储蜜割净，蜂量均为满巢箱，群均蜂数基本相同，分为 A、B、C 三大组，每组 16 群，每组又分 1、2 两小组，每小组 8 群。

（1）刺槐花期。

1）升继箱的方法：4 月 28 日上午 A 组 16 群分别升上继箱。第 1 小组的 8 群蜂，巢继箱之间加隔王板，从巢箱中提出正在出幼蜂的 4 个巢脾放入继箱中间，其余 8 框蜂放在巢箱中间，巢箱两边再各加 2 个空框架供蜂造脾使用，王在巢箱内。第 2 小组布巢方法同上，只是巢继箱之间不加隔王板。

2）巢箱生产，继箱繁殖：①巢继箱间加隔王板：B 组的第 1 小组 8 群蜂分别从巢箱内提出8个带王、带蜂巢脾放入继箱内，中间、两边各加两个空框架，供蜂造脾使用。巢箱内中间只留4个正在出幼蜂的巢脾，王在继箱内。②巢继箱间不加隔王板：B组的第2小组提脾方法、脾数同上，王在巢箱内。③空巢箱空继箱：将C组的第1小组上面加空继箱，巢继箱间加隔王板，继箱是空的。或将C组的第2小组巢脾全部提出放入上面继箱内，巢继箱间不加隔王板，下面巢箱是空的。

3）饲管：用常规法管理。

4）效益：5月5日上午由专人将三大组各小组的内储蜜用快刀割下分别称重，其重量见表14A。

（2）荆条花期。还是刺槐花期的各组各群没变，饲管用常规方法。各小组割蜜块两次，常规饲管，6月30日上午1次，7月20日上午1次，效益见表14A。

（3）芝麻花期。还是原来试验的蜂群和数量，其群势各小组未变，方法同上；8月8日与8月16日，取蜂蜜两次。方法同上，饲管同上，效益见表14A。

（4）柳孟头花期。群数、方法同上，常规饲管，8月30日上午割取蜜1次，其效益见表14A。

3. 试验效果

试验效果见表14A。

4. 讨论与建议

从表14A中可看出，C组群均61.5千克，位居第一；B组群均49千克，位居第二；A组群均46千克，位居第三。A组和B组产蜜量相差不大，因为它们布巢方法近似。从三大组共六小组来看，隔王板的有无并不起多大作用，这是因为中蜂不像意蜂那样储蜜向上，蜜储在生产区内，而不在繁殖区内。而中蜂储蜜在繁殖区内，是子与蜜混杂，所谓生产区内极少储蜜，所以设置生产区意义不大。同时隔王板还有碍工蜂通过，故而影响产蜜量。A和B两组虽升了继箱，无论巢箱、继箱作为所谓生产区，有4个巢脾布巢，有碍空气流通，中蜂最怕热，所以影响产蜜量，尤其继箱作为所谓生产区影响更大。C组整个巢箱是空的，利于空气流通，更容易降低巢温，因而产蜜量较高，尤其是不加隔王板，产蜜量最高。同时，升继箱不但扩巢，还利于消除分蜂热，继续扩大群势。A、B两组虽消除了分蜂热，但不彻底，这成为影响产蜜量的一个原因。C组彻底消除了分蜂热，这也是产蜜量最高的另一个原因，尤其是C组的第2小组尤为突出。故建议蜂友使用C组的第2小组升继箱的方法，以获得最高的经济效益。

表 14A　中蜂三种开继箱方法效益对比

单位：千克

组别	小组	刺槐花期					荆条花期					芝麻花期					柳孟头花期					合计	总计	群均
		王在位置及蜜量				隔王板	王在位置及蜜量				隔王板	王在位置及蜜量				隔王板	王在位置及蜜量				隔王板			
		巢箱		继箱			巢箱		继箱			巢箱		继箱			巢箱		继箱					
		王	蜜	王	蜜		王	蜜	王	蜜		王	蜜	王	蜜		王	蜜	王	蜜				
A	1	有	36		12	有	有	104		16	有	有	120		16	有	有	24	无	8	有	336	734	46
	2	有	40		28	无	有	120		28	无	有	125		20	无	有	25	无	12	无	398		
B	1	无	16	有	24	有	无	16	有	120	有		16	有	120	有		16	有	32	有	360	798	49
	2	无	20	有	26	无	无	16		152	无		16		144	无		29	无	35	无	428		
C	1	空		有	72	有	空		有	152	有	空		有	160	有	空		有	72	有	456	978	61.5
	2	空		有	74	无	空		有	160	无	空		有	200	无	空		有	88	无	522		

注：2007 年我地旱情比较严重，又是定地饲养，若短途追花放蜂，产蜜量会更高一些。

中蜂三种取蜜法效益对比试验

摘要：中蜂取蜜采用3种不同形式，其产量是不一样的，对油菜、荆条、芝麻3个蜜粉源进行3年9个花期的试验统计，其结果是，采用西蜂常规摇蜜法取蜜，群均蜜量为28.4千克；随时割蜜块取蜜法，群均46.5千克；若全年一次性割脾取蜜，群均20.3千克。第1种方法取蜜效果一般，但损伤少量幼虫，损蜂与对照群相比，群势平均下降0.4千克；用百分数表示，损19%。第2种取蜜法虽较麻烦，但蜜量最多，是科学的取蜜方法，可采用。第3种取蜜法蜜量最少，适用于老法饲养的蜂群。

关键词：摇蜜　割蜜块　一次性割脾　蜜蜂

饲养中蜂分为老法和新法，老法是指巢脾固定在笼内，人不能移动；新法就是活框饲养，人根据需要可以移动。由于中蜂巢脾干脆易折断，取蜜有一定的难度，为达到保子、增蜂、增收的目的，笔者采用3种不同形式取蜜法，通过3年的对比试验，有了一定的认识，现将试验情况报告如下。

1. 材料与方法

（1）时间与地点。本试验自2005年到2007年，连续3年，每年有30个蜂群参加，分3组进行，早春群均蜂量为0.7千克，蜂王均为上年芝麻花期培育的新王。油菜花期试验在河南省淅川县老城镇进行，荆条花期试验在河南省西峡县回车镇吴岗村进行，芝麻花期试验在河南省邓州市罗庄辛集村进行。

（2）准备工作。2005年1月20日上午，外界气温11℃，用事先准备好的内侧一边放3个空框架的西蜂标准箱20个，10个内径长50厘米、直径35厘米的圆桶备用。将参加试验的30群蜂逐群称重，方法为：将备用空箱分别放其原位，逐一速抖蜂入内，再分别将原箱称重，第1次称重减去第2次称重，即为蜂重。务使每群蜂都达到0.7千克重量，不足部分由其他群补足。

将参加试验的30群蜂分为3个小组，其中第1小组为摇蜜法组；第2小组为随时割蜜块取蜜法组；第3小组为老法饲养组，即全年一次性割脾取蜜法组，也作为第1小组毁子损蜂对照组（圆桶箱组）。

每个箱体蜂放箱内一侧，外加隔板，只做箱外保温，圆桶箱也做箱外保温。

3个小组当夜用1∶1的糖水250克补饲，促蜂造新脾，隔日1次。

1 月 24 日开始在每群蜂框梁上饲喂花粉，圆桶箱花粉放在箱内的圆盘内，保证每群箱内巢脾上都有边角蜜，有充足的花粉供给。巢脾呈白色时停止奖饲，是否奖饲，以后视情况而定。

3 月 8 日下午卡好蜂框，圆桶箱临时用厚麻袋包裹，严防振动，当夜将蜂运往淅川县老城镇，采油菜花蜜，此后停止饲喂。

（3）试验方法。3 月 18 日，在油菜花期试验地，上午取第 1 组蜂蜜，下午取第 2 组，第 3 组不取蜜。

第 1 组即摇蜜法组。用普通摇蜜机分别将第 1 组储蜜摇出，在摇蜜过程中，有巢脾折断现象，分别将折断的子脾重新装好，放回原箱。取蜜时，注意将蜂王暂装王笼内，分别将蜂速抖入事先准备好的袋内，即为蜂重，取完蜜分别将笼内蜂王放出，回原箱。

第 2 组即随时割蜜块取蜜法组。下午分别将第 2 组每群巢脾上的储蜜用快刀割下（只割储蜜部分，子脾不会掉落）。第 2 组蜜分别放置 2 个桶内。3 月 27 日、4 月 5 日，照此方法又取蜜 2 次，两组取下的蜜分别放置上述 2 个桶内。

第 3 组即老法饲养组，不取蜜，任其自由发展。

2005 年 6 月 4 日夜将蜂场迁入吴岗村的荆条花期场地。

6 月 15 日、6 月 25 日、7 月 10 日，按照油菜花期取蜜法对第 1、第 2 组分别进行取蜜，两组蜂蜜分别放置 2 个桶内。第 1 组折断的子脾重新装好，放回原箱。第 3 小组不取蜜，任其自由发展。

2005 年 7 月 25 日夜转场到邓州市罗庄乡新集村芝麻场地。

8 月 5 日、12 日、15 日按照油菜花期取蜜法对第 1、第 2 组分别进行取蜜，两组蜂蜜分别放置于 2 个桶内。第 1 组装好断脾，放回原箱。

8 月 15 日下午对第 3 小组一次性割脾取蜜。

准备 30 个西蜂标准箱，箱内一侧放 3 个满巢蜜脾备用。将第 3 小组连蜂带箱称重挪走，做好记录。将上述备用箱逐一放回原位，逐一速驱蜂入内，将原箱逐一称重。第 1 次称重减去第 2 次称重即为蜂重，再逐一将第 3 小组箱内一次性割脾取蜜，第 3 次称空箱重，第 2 次重减去第 3 次重即为脾蜜重。

2. 试验结果

将第 1 小组摇取的蜜分别合计汇总，第 2、第 3 小组脾蜜分别去蜡，净蜜分别合计汇总。

2006 年、2007 年在相同的地点、时间、群数、蜂量、花期重复进行同样试验，取蜜效益见表 15A，蜂重即毁子损蜂情况见表 15B。

表 15A　3 组不同取蜜法效益统计表（千克）

时间	第 1 组			第 2 组			第 3 组		
	2005 年	2006 年	2007 年	2005 年	2006 年	2007 年	2005 年	2006 年	2007 年
油菜花期	10. 2	9. 3	10. 5	14. 8	15. 3	15. 5			
荆条花期	9. 8	8. 5	9. 4	15. 0	15. 1	15. 1			
芝麻花期	9. 4	9. 8	8. 3	16. 2	16. 2	16. 4			
合计	29. 4	27. 6	28. 3	46. 0	46. 6	47	21	20. 5	19. 4

表 15B　毁子损蜂统计

时间	2005 年		2006 年		2007 年		2008 年	
	第 1 组	第 3 组	第 1 组	第 3 组	第 1 组	第 3 组	第 1 组	第 3 组
蜂重(千克)	1. 7	2. 1	1. 8	2. 2	1. 6	2. 0	1. 7	2. 1

注：（1）为统计方便，均以年统计。

（2）2007 年花期有旱情，影响繁蜂。

3. 小结

从表 15A、15B 中可以看出，3 年 9 个花期试验中，摇蜜法组群均 28. 4 千克，蜂损 0. 4 千克，占 19%。割蜜块取蜜法组群年均取蜜 46. 5 千克，冬初一次性割巢脾取蜜法组群均 20. 3 千克。第 2 小组效果最佳，第 1 小组次之，第 3 小组最差。虽蜜质量大致一样，但是效果不一样。原因为第 2 组巢内有多余的储蜜，用刀割下，不伤子，虽蜜块小，但质量佳，只要蜜粉源丰富，蜂群不怠工，可继续生产。第 3 组巢内常年有大量储蜜，蜂有怠工现象，且有分蜂情绪，因而效果较差，这是老法饲养户常用的取蜜法。为提高效益，有条件要改活框饲养为最好。第 1 小组方法因伤蜂损子，应尽量不用，建议采用第 2 组取蜜法，即割蜜块取蜜法，这样才能达到保子、增蜂、增收的目的，从而大幅度提高经济效益。

战胜四怕就能养好中蜂

中华蜜蜂（俗称土蜂）是中华瑰宝，土生土长，适应性极强，能充分利用零星蜜粉源，采得百花，酿造山蜜成分复杂，是比西蜂蜜营养强几倍的高质蜜。随着生活的提高，越来越被人们青睐。在西峡1千克中蜂蜜至少80元，若加上简单的包装，那么1千克就在200多元。所以不少蜂友弃西蜂而改养中蜂。也有不少离退休干部，也加入了养中蜂的行列之中。他们用养西蜂的工具、技术来管理中蜂群，往往以失败而告终。以我养中蜂几十年的体会来看，养中蜂难度大于西蜂。用养西蜂的工具和技术来养中蜂是不行的。例如，中蜂有四怕，即怕穷、怕热、怕中囊病、怕巢虫。只要能战胜这四怕，就可养好中蜂。

1. 怕穷

要富养中蜂，富是指巢内有充足的储蜜，蜂巢内没有或少有储蜜，你就是一个穷养蜂的。中蜂巢内一旦缺蜜，就会飞逃，不像西蜂那样，暂时缺蜜也不会逃亡。况且中蜂极易受蜜粉源的影响，即使巢内有一定的储蜜，蜂场附近没有或少有蜜粉源，它们也会不自觉地飞逃，若不采取近距离迁场到有蜜粉源的地方，要蜂王剪翅或在巢门处安装隔王板，它们也会逃亡，更不用说巢内缺蜜了，一旦缺蜜，十有八九要飞逃。所以巢内经常脾要保持白色，有足够的储蜜。蜂巢内经常有幼虫，只要10个外勤蜂至少有7~8个进巢蜂带花粉团，蜂就不会逃亡。若巢内缺蜜，要在夜晚赶快补饲。务必请蜂友们注意。

2. 怕热

中蜂最怕热，西蜂耐热性极强，35℃以上西蜂也不会逃亡，而中蜂就不是这样，若经常处于高温之中，就要逃亡。预防的方法如下：

（1）把蜂箱摆放在树荫下，（不能整齐划一地放蜂箱，要错开，即乱七八糟地摆放，因中蜂认巢能力差，这样利于认巢，中蜂、西蜂同场饲养的，要把中蜂箱放在西蜂箱后面，绝不能放在前面，能有效预防西蜂盗中蜂）。

（2）要设底窗，并垫高箱底，使空气流通，便于散热。

（3）若巢内储蜜过多，要及时用快刀割蜜块（方法：把蜜脾取出另放他箱，用蜂刷轻轻把蜂扫去，然后进行）。若用摇蜜机取蜜，因中蜂巢脾脆，很容易断裂，会造成不必要的损失（因储蜜多不利于散热）。

（4）只盖铁纱盖，而不要覆布。

（5）巧用西蜂箱，若用西蜂箱、西蜂框来养中蜂，早春当蜂群已达4满脾蜂时，就要及时升继箱，蜂放继箱中间，两边不要加隔板，不要隔王板并且把原巢脾的下框梁去掉。巢箱是空的，因为西蜂箱不适合蜂群的发展，西蜂能向左右扩巢，而中蜂极适合上下扩巢。在没下框梁的原脾下边会迅速往下造脾，清早气温低，从铁纱盖往下看，两边巢脾有零碎小坠脾或铁纱盖下边也有时，可在巢脾外侧各加一个空框架（不要下框梁），但千万不要安装巢础，任蜂根据自身需要自由造新脾，蜂巢永远保持脾不外露，形成一个大蜂团（也利于防病）。

3. 怕中囊病

中蜂最易得中囊病。有资料表明，80%的中蜂毁灭于中囊病。这种病传播速度极快，一群感染，全场暴发，任其发展，很快就会垮场，损失惨重。预防的方法如下：

（1）场地消毒。早春场地打扫干净，不能有任何杂草、杂物，至少用生石灰水喷洒一两次，要常年保持卫生。

（2）蜂箱、蜂具消毒。用酒精或高度白酒进行消毒。

（3）保持个人清洁卫生。

（4）若估计蜂没有什么病情变化，尽量减少查蜂次数，不要人为干涉，多做箱外观察。

（5）药物治疗。蜂一旦有病，应赶快治疗，不能袖手旁观。治疗方法不外有喷治、饲喂治、气味治三种。不管采用什么方法，喷治疗效要快。对于小场或业余爱好者，群数不多，不论采用什么方法都行。对于群数多的蜂场，若采取喷治、喂治，就显得过于费时费力，远不如气味治简单。所谓的喷治，就是把洁净冷水或药物按要求兑糖逐脾带蜂喷，务使每只蜂蜂体上呈雾状；或把药按比例兑入糖浆中饲喂蜂群，隔天喂 1 次，夜晚用不完，清晨取出，严防盗蜂。气味治，就是把药水按要求装瓶，放进蜂巢内隔板外侧即可。无论什么厂家生产的中囊灭、中囊清、中囊净、中囊光等药物，价格都偏高，都不如中草药自配药物价格低，如藿香、板蓝根、金银花、贯众等。

4. 怕巢虫

巢虫俗称棉虫，中蜂怕巢虫，一旦巢虫上巢脾，吐丝结茧，毁脾毁子，成蜂无法对付，无人为治疗，灾情迅速蔓延，速减群势，重则不久蜂弃巢逃亡，损失巨大。

防治巢虫方法很多：箱使用前用酒精、福尔马林水、生石灰水、微火烧烤等法，彻底严格消毒，糊严箱缝。要经常保持蜂箱洁净，群强蜜足。无论是活框饲养的还是老法饲养的，清晨查看应是蜂群巢脾不外露，也就是说蜂将巢脾全部包住，蜂多于脾。若脾外露一定要将此脾抽去或割去。常用新脾，绝不能用老脾。春繁时将整个老脾去掉，用奖饲形式促蜂造新脾，用香油（芝麻油）擦蜂箱底部

（芝麻油对蜂无害，对巢虫是毒药）。在蜂箱底部安放数个手指粗细的纸筒，让巢虫居住，10~15天后取出烧掉。只要采取以上措施，就能有效控制巢虫的滋生。

我的体会是：①用气味治（把药水按要求装瓶，放进蜂巢内隔板外侧）快捷。②一个中蜂场要有计划购进或自配优良蜂王，常年饲养强群。③一个蜂场不能超过50群，场距必须在5千米以上，场大应多设几个点。只要战胜这四怕，就能养好中蜂，获得高经济收入。

一年四季中蜂饲养管理要点

1. 春天

豫西南地区中蜂春繁是从大寒开始的，此时白天气温在10℃左右，山区已有零星花朵开放，少数中蜂已能采集，此时要做好如下工作：

（1）控飞。预测天气，与当地气象部门联系，若近期气温在10℃以下，就要控飞，尤其是午后13~16时，防止蜂外出空飞冻死。若近期气温在10℃以上，尽可能将活框饲养的蜂群转移到白天有半天太阳能照射的地方。

（2）整巢。土法饲养群，午后用烟熏法将蜂团驱赶到无巢脾蜂箱的一角，速将老脾全部割去，只留3~5个30厘米左右带蜜的巢基，盖好箱盖，不久蜂会自动附着在这些巢基上。

活框饲养群，将两个带蜜巢脾割去下部2/3，另将其他巢脾抖蜂提出，该巢脾另行处理，将上述两个带蜜1/3的巢脾放在箱内中间位置，再根据蜂量多少，中间放适量空框架，两边放隔板。

（3）保温。中蜂虽耐寒，在繁殖期也要适当保温。土法饲养群除巢门和地板外（一般指挂在房檐下的蜂群），其他几面的外围尽量用草或秸秆、麻包片等简单包起。

活框饲养群除前部外，下部和左右及后部用保温物简单保温，副盖上面要盖几层报纸或其他保温物。无论是活框饲养群还是土法饲养群，只需做外保温不做内保温。

（4）奖饲。活框饲养群或老法饲养群当晚用1∶1的糖水奖饲，饲喂量以一夜用完为度，这样会迅速造新脾，供蜂王产卵。

若蜂场3千米内无其他蜂场，开产一星期后，可将代用花粉放到蜂场附近的空地任蜂自行采食。

将花粉加1/5的白糖或蜂蜜用开水泡开，搓成条，放在框梁上，任蜂采食，采完再加。以上两种奖饲不能中断，要保持脾呈白色，有角蜜、花粉。

（5）扩巢。活框饲养群，第一次扩巢很重要，一定要把握好时机，否则对繁蜂不利。扩巢的方法是：清晨去箱盖、纱盖，看两边隔板外聚集约有半框以上的成蜂或是看框耳两头有无小赘脾。若有半框以上的成蜂，可将小赘脾割去，在边上的位置上加一空框架，以后继续扩巢就按此标准进行。

（6）防分蜂。春末夏初是中蜂分蜂高峰期，要做好预防工作。适时继续扩巢。活框饲养群内若巢箱已放满，可将一半巢脾带蜂连王放到继箱内，中间无须加隔王板，在继箱内边上位置加一空框架进行扩巢。

适时取蜜，因储蜜过多影响繁蜂，因此要适当取蜜，以降低巢温。

活框饲养群，适当割去框上的封盖蜜（因有铁丝支撑，子脾不会掉落下来）。降低巢温，割去部分又能造出新脾来继续扩巢，还能取蜜。

将蜂王后翅剪去一小部分，蜂王不能飞远，即使发生分蜂，蜂团结在低处，便于收捕。

（7）防巢虫。保持巢脾不外露，箱内清洁，无缝隙。在箱底板上涂擦适量食用香油或在箱底放几根手指头粗的纸筒，过8~10天清除筒内巢虫。

（8）喂水。早春气温低，蜂群需大量的清水，采水蜂可能冻死巢外。为避免不必要的损失，从早春一直到白天温度在20℃以上这段时间，在巢内提供清水，或在巢箱附近用饮水器装清水，供蜂采水。

（9）分群。蜂群达到一定群势，又是百花盛开，不可避免地要分蜂。在多次去雄蜂和自然王台基外，蜂有怠工情绪，这就预示着不久要分群，此时应为收蜂做好准备。

1）土法饲养群：当发现王台酱色时，将带王台的巢脾割下，巴掌大小即可，装进预先准备好的框架内，再割几小块巢脾装于内框内，将装好的2~3框放进标准箱内，移走原箱，将新箱放到原箱位置上。这样蜂就会进入新箱内，原箱分出一半群势已无能力再分蜂了，又改土法饲养为活框饲养。这是一种科学进箱法。

2）活框饲养群：当发现有分蜂苗头时，就将原群一分为二或抽脾另放他箱，移入事先准备好的成熟王台（随提蜂脾，随装王台即可），最好将老王分出，另放他处。

2. 夏天

做好防暑、降温工作，继续培换新王，割蜜块，防飞逃，防疾病，防敌害，洁净水源，布巢使蜜足、群强。

3. 秋天

除继续做好上述工作外，还要预防乱蜂团的发生（集体逃亡），防盗、合并弱群，双王同箱饲养，防自行合并，用春繁形式培养越冬蜂等。

4. 冬天

蜂箱转移到通风、干燥、阴凉地方，中空布巢，防震动，遮阴、防光，蜂团外围巢脾一律去掉，防鼠，防饥饿。

万无一失的介绍种蜂王的方法

介绍从育种场邮寄来的贵重种蜂王，须采取一定的技术手段。否则种王会被围杀，造成巨大的经济损失。

正确的做法是：当接到育种场寄王的通知后（外省 3 天，本省当天），找 1~2 脾正在少量出幼蜂的巢脾（上有一定的储蜜）做准备。种王接到后，将上述准备好的巢脾上的所有蜂抖去，另放到事先准备好的蜂箱内，箱放在适当的位置上。然后将邮寄王笼盒的通道打开，道口朝上挂放到上述的巢脾上，巢门口与上盖全部盖严，不让一个蜂出来，种王定会爬出，定会有新幼蜂护围。夜晚，红灯照亮，视新蜂多少而定，若不足一脾蜂时，可按上述方法再进行一次。若有一脾蜂时，可补充不带蜂的老子脾，直到其能独立生存、利用时为止。

这种方法无论有无蜜粉源，中、西蜂蜂王和种王都可应用，万无一失。

两种特殊巢脾在活框饲养中蜂群中的应用

中蜂生物学决定，繁衍是球形结团，巢脾形状为两边小、中间大，群势是上下发展，即往下放展扩巢，越冬时将巢中间巢脾咬掉，形成中空，密集结团，度过寒冬，春繁时在中空部位补做新脾，供蜂王产卵使用。

几十年来我使用的是西标箱、西标框（活框）饲养中蜂。根据以上这些特性，使用两种特殊巢脾来增殖扩大群势，并获得了很客观的经济效益，现将经验介绍如下。

越冬时将巢中间放一空框架，两边为蜜脾，形成中空布巢。春季群势达到满4脾蜂蜜时，将带蜂巢脾放进事先准备好的空继箱内的中间，两边不加任何隔板，放好后速将此继箱叠放到原来的巢箱上，巢继箱之间不要隔王板，下面巢箱是空的。这就有效地克服了中蜂怕热的习性（当然还有其他降温措施）。当群势达巢脾以外的地方做小赘脾时，要将这多余的不规则的小巢脾用刀割去，进一步扩巢，可用以下两种方法进行：

（1）将中间两个巢脾上的蜜蜂抖去，若此两脾上有蜂王，可用手速将蜂王轻轻捏住，放到边脾上，不要惊动蜂王，小心将此巢两脾的下框梁去掉（原脾上有3道细铁丝可作支撑，巢脾不会掉落下来），然后再将此二脾放回原位上，蜜蜂会很快往下做新脾供蜂王产卵。看蜜蜂的情况，再扩巢时在巢的两边各加一个西标空框架，供蜜蜂做新脾使用。当两边做满巢脾时，根据蜜蜂的需要再去掉下框梁。依照此方法去掉下框梁，只保留巢两边各2个巢脾。一般继箱内能放12个巢脾，巢中间有8个可以去掉下框梁的巢脾，有足蜂至少15脾蜂。

（2）将事先准备好的1个大空框架放在巢中间，用不了多久就会形成一个新的大巢脾。如果需要扩巢时，可在大巢脾的一边再放一个大空框架，供蜜蜂造新脾使用。根据以后蜂群的不断发展，均可依照上述方法添加大空框架。巢的两边各保留2个西标巢脾，共4个巢脾，中间有8个大巢脾，足有15个巢脾蜜蜂。

经试验证明，如果不使用以上两种巢脾，最多有12脾蜜蜂，虽然克服了怕热的弊端，但是因为有了下框梁，阻碍了蜜蜂向下扩巢的需要。使用两种特殊大巢脾，蜜蜂就能向下扩巢，这也是迎合蜜蜂的生理需要。巢中有8个特殊大巢脾，蜜蜂团因此就会比12个西标框架大得多，最少有4脾以上的蜜蜂量，也就是说蜜蜂量多了40%以上，这样蜜蜂群就大了。

以上两种方法已经适应了球形蜜蜂团向下扩巢、怕热的毛病，在蜜粉源丰富时，只要有封口蜜脾，抖掉蜜蜂就可取蜂蜜了。其方法是：在靠上框梁中间只留10厘米长的巢脾，其余的用刀割蜂蜜块，不久蜜蜂就会在割掉的蜂蜜脾位上造出新脾。依照此法勤割蜂蜜块，能大大刺激蜜蜂出巢采蜜的欲望。这样做不但可以有效地防止分蜂情绪，而且还能增加蜜蜂产量在50%以上。

秋末时要为蜜蜂群做好越冬的准备，有计划地将不用的下框梁巢脾部分去掉，恢复原样，中空布巢。有计划地将大巢脾移向两边，将原来4个巢脾移到中间，再往后将大巢脾抖掉蜜蜂取出，另外处理，以备翌年再用。蜂巢中间加1空框架，中空布巢进入越冬。

以上两种特殊巢脾是这样使用的，在进入越冬时，可将蜜蜂移入巢箱内，然后去掉继箱。通过近年来的试验观察，两种方法的效果基本一样，不设下框梁操作较为复杂，尤其是在抖掉蜜蜂取蜂蜜时应特别注意，千万不要将没有下框梁的下边巢脾毁坏。

什么时间取净中蜂巢中储蜜

中蜂巢中的储蜜什么时间采收为好，这尤其对原生态饲管群更为重要。农村不少蜂友认为农历九月初九（重阳节）左右采收为好，只要天气好，温度在15℃以上就可以取，留下越冬的饲料一直到翌年春天繁殖都不用去管。

这种做法是不恰当的。用刀割（原生态群）的时候，如取蜂蜜过多，就会把蜜蜂误割死；不少蜂群因越冬饲料不足，常被活活冻饿而死；有时还会把蜂王误割死，可是饲养人又不知道，此蜂群生存的希望已经不大，就会造成巨大的损失。

我本人也有少量的原生态饲管蜂群，越冬的蜂群从没有发生过上述损失。我是这样做的：在上述时间内的早晨（温度较低）一次性将蜂团外围未包裹住的巢脾，用刀割在巢箱上壁巢脾厚度的一半，用手掰掉巢脾（防止割死蜂王）。活框饲管群抽出多余巢脾，若脾上有少量的蜜蜂可在巢箱内抖掉。达到脾不外露为准。团内储蜜就够越冬用的饲料了。一直到农历“大寒节”（蜂王开始产卵），只要天气好且温度在10℃以上，原生态群将蜂团用烟熏向箱另一边空的地方，依照上述方法一次性全部割净。活框饲养群蜜蜂有几脾蜜蜂，在蜂箱另一边放置同样的空框架，在蜂箱内把脾蜂全部抖去，让蜜蜂进入空框架内结团，然后处理全部蜜。当天夜里用1∶1的糖蜜水进行奖饲，让蜜蜂造出新脾，供蜂王产卵。

这样做的目的一是为了迎合中蜂喜新厌旧的生物特性，而且还可有效地控制疾病的发生；二是大大加速了蜜蜂的繁殖。

增加中蜂原生态饲养法群数的方法

中蜂原生态饲养法的养殖户，有的希望扩大蜂场规模，增加群数，以求增收，又不使蜂群自然分蜂逃亡。这里我介绍一种方法，供蜂友们参考。

当封口王台变色时（封口 4 天后），将原箱巢内所有王台全部小心割下，用棉花包住王台，外层再用干净的布包严。有条件的另放他蜂巢内，最好放中蜂活框饲养或西蜂两巢脾之间用蜂保湿，或放恒温箱内（温度保持在34.5℃）集中保管。没条件的可将王台放入保温杯内，盖严杯口（对王台内幼虫发育没有特大影响）。可用泥糊严原箱所有缝隙，并在巢口安装上隔王板（防蜂飞逃），并将原蜂箱另放他处；原址放事先准备好的蜂箱，要在新箱顶内粘巴掌大小带王台的巢脾，让回巢蜂进入新箱内，这是第一次分蜂。过一天后照上述方法再进行第二次分蜂。若原箱内群势还强，再间隔一日照上述方法可再进行第三次分蜂。一定要根据具体情况而定是否再分蜂，原则是原箱群势一定要保持分蜂前1/3蜂的群势。清早看多余的巢脾（以从蜂团外围看不见露出的巢脾为度），将原群蜂一次性去掉。

待新王交尾产卵后，要严管蜂群，一定要保持巢内有充足饲料。这样既可有效地增加群数，扩大场规模，又可预防自然分蜂逃亡事故的发生。

中蜂活框饲养群势能够战胜土法饲养

中蜂活框饲养是创新之举，是获得高效益的途径。但近年来，有不少蜂友反映，土法饲养（也叫原生态饲养）比活框饲养的蜂群群势大，能获得高产，所以土法饲养比活框饲养好。

笔者并不否认有时土法饲养中蜂群势大于活框饲养的群势，活框饲养造成群势弱的原因很多，主要问题还是饲养管理技术不到位。

（1）不适应活框饲养。蜜蜂原来是生活在树洞、土洞、石洞内繁衍生存。随着时间的推移，它们基本上适应了土法饲养的模式，现在改为活框饲养，一时还不适应。

（2）估算群势有误。土法饲养蜂群巢脾是固定的，估算群势是连蜂带脾，不是称重计算蜂数，是模糊估算，像一般土法饲养群，上到西蜂巢脾上只有1脾多，若2脾蜂就有脸盆大小的土法饲养群势，土法饲养群势是估算的，可能有误。

（3）人为干涉。活框饲养蜂群，养蜂人检查蜂群次数过多，每次查蜂或多或少破坏了蜂巢的温湿度，打乱了蜂群的正常生活秩序。平时应多箱外观察，发现问题及时处理。若没什么意外情况，就不要过多地干扰它们，给它们创造一个安静的生活环境。

（4）蜂箱不合理。到目前为止，中蜂箱还没有一个统一标准，常用的有9种（表16A）。

面积最大的是沅陵式，最小的是 GN 式，所有这些蜂箱都在中蜂饲养中使用，但到底哪种中蜂箱最适合养好中蜂呢？没有人能回答出来。眼下就拿意标箱来说，也只是凑合着使用。在几十年的养蜂实践中，我体会到应该这样使用蜂箱：当蜂群发展到满 3 框足蜂时，上继箱（不要隔王板），把巢脾放在继箱中央，去掉下框梁，两边不要隔板，下面形成中空，给蜂群留有足够的空间（因中蜂最怕热），当两边出现赘脾时，在两边各加上一个空巢框，供蜂群造新脾用。以后看蜂群发展情况，达到一定要求时，再按上述方法进行。一般继箱内能放 12 个巢脾，要及时割蜜块取蜜，满继箱时折合 15 个以上巢脾，这样可维持 15 个巢脾以上的群势，年产蜂蜜 50 千克以上。这要比土法饲养群多产蜜 2~3 倍，群势可增大 1 倍以上。

表 16A　目前常用中蜂蜂箱尺寸对比表

箱式	巢框内围尺寸			上梁（毫米）	
	宽（毫米）	高（毫米）	面积(平方厘米)	厚	宽
意标箱	425	205	871	20	27
沅陵式	405	220	891	20	25
中一式	385	220	847	20	24
中笼式	385	205	789	20	25
从化式	355	205	728	18	25
景戎式	355	200	710	20	25
高窄式	245	300	735	20	25
中标式	400	220	880	20	25
GN 式	290	133	386	10	25

活框饲养容易发现问题并及时处理，又能增产，何乐而不为呢？土法饲养能有这么大的群势吗？我认为活框饲养就是好，只要这样做，标准箱就能养好中蜂。

土法饲养中蜂割脾时应注意的一个问题

土法饲养的中蜂，每年农历十月初不少蜂友割脾取蜜，常把蜂王割死，造成很大损失，因此时已进入冬季，蜂王损失，没有别的急救办法，唯一可行的是合群，但合群时须采取一定的技术手段，否则工蜂互咬致死，蜂王被围致死，会造成更大的损失。

正确的做法是：用烟将蜂熏向一边，用小刀齐木箱上边割巢脾厚度的一半，再用手将此巢蜜脾掰掉，接着用手掌平托住此巢蜜脾，看是否有蜂王，若有赶快用手轻轻捏住蜂王，放进此箱蜂团处，再用蜂刷轻轻扫去其余工蜂，最后将巢蜜脾放进容器里储藏。

只要照此法进行，就可有效防止蜂王被割死。

扣中蜂王断子极易死亡

秋末扣王断子，或治螨断子，或其他特殊情况下须扣王的，是西蜂复壮、保蜂的关键措施之一。而中蜂则不同了，不要随便扣王，否则会发生王死事件，给饲养中蜂的朋友们造成不应有的损失。

1989 年秋末我在家中院内收到一弱群中蜂（附着在一西蜂箱底下面），我速拿回一活框饲养的中蜂巢脾（不带王），并将此王用铁纱王笼扣在此脾上，收来的蜂与拿回来的蜂用喷烟法进行合并，未发生围王死蜂现象，10 小时后笔者发现王死在王笼内的蜜巢上。

1990 年春末，一中蜂群发生飞逃，我速将这个逃亡王捉住用竹塑王笼扣住，放到观察箱内巢脾中间，后挡板是玻璃的，不久逃蜂未见王，自己又返巢中，我仔细观察，不围王，工蜂入内也饲喂蜂王，但此王在笼内乱爬，似乎不接受工蜂的恩惠，不到 3 小时，自己慢慢死去。

去年秋末我一中蜂蜂友，他不听我的劝告，用竹塑王笼扣王断子，结果不到 3 小时，此王也死去了。

从众多的实例中得出，中蜂王不能随便扣。至于断子中蜂适应能力极强，该断子时会自行断子，不需人为干涉，应任其自然发展。

中蜂增产的重要举措

饲养中蜂的效益主要是蜜。随着人们生活水平的不断提高，都知道中蜂蜜的营养价值远比西蜂蜜高得多。但中蜂产蜜量大大低于西蜂产蜜量，怎样才能提高中蜂产蜜量，这是饲养中蜂的朋友们普遍关心的问题。

从蜂友们反映、蜂刊上介绍和本人的实践中，我体会到：老法饲养中蜂都简单省力，基本无疾病，而新法活框饲养的蜂群，就群势而言，并不比老法饲养的群势大，且易得疾病，产蜜量有时还不如老法饲养的蜂群。

出现上述问题，我认为还是管理不到位所造成的。首先我们要认识到中蜂远古在野外各种洞里生活时，群状态为半圆形，即人们说的中间脾大，而两边较小。这是它们长期的生活环境造成的，这就形成了它们独特的生活特性。而活框饲养群就打破了这种生活状态，故而群长势和产蜜量并不比老法饲养好多少。

多年来我采用了下述方法饲养蜂群，获得了可观的经济效益。其方法介绍如下：鉴于中蜂群状是半圆形，若用西标箱框架来饲管蜂群，3~4 脾蜂的群势是可以增产的（小群势）。若超过此界限，就不理想，必须及时升上继箱，所有巢脾都放在继箱内；这样还有利于通风降温（因为土蜂最怕热），不加隔王板，且巢脾不设下框梁，任蜂往下造新脾，有利于群状形成半圆形。若储蜜已封盖，还处于蜜粉源丰实时期，就可随时用快刀割取上框梁与第一道铁丝上的蜜块（靠上框紧挨上边铁丝上边），其余巢脾因下边还有两道固定铁丝，所以脾不会掉下来。不久被割取的蜜块处蜂会重新补造新脾，这样的经常不断地割取，割取的次数越多，增产越明显。同时，还能有效控制怠工现象，少分群。根据群势的需要，以原有巢脾超出原标框架的 1/3 或 2/3 时，再添加清洁空框架（不用巢础），进行扩巢，由蜂自由造新脾。

翌年春分时，将所有上年老巢脾一次性换掉，根据蜂量多少，适当放置空框架，并当夜进行奖饲，任蜂造新脾，这样就能增产 50%以上。

早春繁蜂必须及时喂花粉

早春繁蜂，一般人的做法是立春前（豫西南）整巢增温、蜂王产卵一星期后开始奖饲花粉或代花粉，其理由是卵 3 天、小虫 3 天，共 6 天，所以一星期后小幼虫成为大幼虫，开始喂花粉或代花粉，似乎符合蜜蜂生物学特性，这其实是错误的。这样做会导致新幼蜂消化不良，形成爬蜂，一旦发生爬蜂会迅速削弱群势，后果十分严重，尤其在早春。

正确的做法是：整巢加温后即开始奖饲花粉或代花粉，使其加工成成熟的蜂粮，供大幼虫食用。

一旦由此而发生的爬蜂应适量喂土霉素、诺氟沙星之类的药物来治疗。

致购我育种场蜂王的蜂友们的一封信

2010 年全国各地购我育种场（老界岭蜜蜂园育种场）优质中蜂种王的蜂友普遍反映良好，但也有个别蜂友有不同的认识。对反映的种种问题，现给以解答。

衡量一个蜂王的优劣，要从它的后代工蜂身上表现出来。如：经济效益、群势、抗逆性、分群怎么样？越冬能力等怎么样？这些要从多项指标来看。

（1）蜂王带队逃亡。有用户收到蜂王并介绍成功（多少蜂不知道），随即将该群运往离他处 5 千米的山里，安置好后即回家。（群内情况不知）心想没问题，就等着有个好收获。10 天后他去看蜂，一看令他大吃一惊。蜂跑了，一个也没有了。他打电话质问我："说什么优质蜂王？劣种，王把蜂都带走了！"我欲哭无泪。众所周知，无论是西蜂还是中蜂，若出现蜂群飞逃，都是没有具体工作的青年工蜂导演的，蜂王是被迫的。若是蜂王带队跑的，肯定是蜂王先出巢在前引路。其实蜂王是在大部分工蜂离巢中、后期才被迫离巢的。个别蜂王不出巢，不愿走，结果被本群工蜂怒杀。此种事情屡见不鲜。可能蜂友们没有仔细观察到这一奇特现象。况且连种王产的一代子也没出，你就断定这种王不好，这样对种王太不公平了。这是饲管不到位造成的，与蜂王好坏没关系。

（2）良王被围杀。有蜂友打电话说："邮寄来的种王，为什么一放到蜂群里就立刻被围死了？那么优质的种王，为什么还会被围杀？"这个问题使我哭笑不得。这是缺少介绍蜂王方法的具体表现。介绍蜂王是要有一定的技术的，蜜粉源丰实时或寒冷蜂不出巢时容易成功，否则就是难事了。介绍蜂王方法很多，要有一定的技术，最笨也是最可靠的方法是：找两脾不带一个成蜂、正在出幼蜂的老子脾，放进事先准备好的箱内，把王笼盒的通道口打开，口朝上，挂在该两脾的中间，盖好箱盖，封死巢口，不让一只新出的蜂跑出来，（脾上要有饲料）蜂王会顺着通道慢慢爬出来，新蜂不断出现。过两天，夜里再查看蜂情，若蜂还少，将原脾撤出，再放入不带成蜂的老子脾，直到该群能独立生活为止。

（3）不产仔。有蜂友反映，邮寄来的蜂王开始产一些仔，但过了一段时间后，却又不产仔了。产子多少与蜜粉源有关。蜜粉源丰实时就多产仔，否则就停产或少产仔了，这不是王的质量问题，而是缺乏蜜粉源造成的。

（4）为什么达不到广告上说的那样呢？广告上说的种王一只能维持两标框 12~15 脾蜂，是指春、秋蜜粉源丰富不分蜂的情况下的结果。有位蜂友 9 月初购的优种王，他打电话声称 4 脾蜂（蜂情不知）到 10 月初只产两脾多子，怎么达不到广告上说的数量呢？这位蜂友应想一想，4 脾蜂是空脾还是有子脾（老子还是幼子呢？不得可知），蜜粉源丰富吗？气候、降水量等情况不知道，而产子多少与以上众多因素有关。诚然，中蜂从卵到成蜂需 19 天，1 脾蜂出来后能维持 2 脾蜂（从道理上讲是 3 脾蜂，而实际是 2 脾），按照一般情况来计算，20 天后，能达到 4~6 脾蜂就不错了。

（5）种王突然不见了。有位蜂友反映，既然种王那么好，为什么产一二代子种王就突然不见了？种王突然丢失的原因很多，是盗蜂引起的还是西蜂工蜂偷杀的，不得而知，终归是饲管的问题。

竹子开花引发中囊病的现象探究

摘要：豫西南竹子开花流蜜吐粉极其丰富，中、西蜂积极采集。中蜂采集一周后，100%的蜂群都不同程度染上了中囊病，虽经千方百计地积极治疗，但几乎无疗效，全群在首先消弱势的情况下，逃或亡占总数的 80%，剩下 20%的蜂群到头来只剩下一把蜂，已无饲养价值了。中蜂损失惨重，而西蜂采集后无此现象。

关键词：豫西南　竹子开花　花粉　中囊病　发病率

引言：2009 年、2010 年连续两年在豫西南的西峡县五里桥镇、回车镇、西坪镇等几个乡镇的山区里，4 月上旬至 5 月中旬，40 多天里，竹子普遍开花，因流蜜、吐粉相当好，2008 年秋听定地饲养户普遍反映，中、西蜂积极采集，凡采到这种蜜粉的中蜂群，不同程度地全部都染上了中囊病，治愈率几乎是零，群势迅速消减，绝大部分蜂群飞或逃，个别群里没逃亡，但只剩少量蜂，已无饲养价值，中蜂损失惨重。而西蜂采集后无此现象。我们听后半信半疑，于是我们带着疑虑，于 2009 年、2010 年在竹子开花时专门进行了试验，现将试验的经过与结果报告如下。

1. 试验地点、时间、蜂种、群数

2009 年、2010 年 4 月上旬，当竹子开花时，笔者将中、西蜂各 5 群运到西峡县五里桥镇竹子开花较多的吴家沟村进行试验。群势：中蜂满 5 脾蜂（用的是西标箱、西标框)，西蜂，本地意蜂，上 4 下 6 的继箱强群，进行试验。

2. 试验过程

(1) 运蜂。2009 年 4 月 3 日竹子开花流蜜、吐粉，次日夜将上述群势、群数随意的中、西蜂群运往该地进行试验。

(2) 观察。蜂运到的第二天上午，中、西蜂采集特别积极，各群蜂腹部硕大，后双足几乎都是粒大的花粉团，几乎 100%带花粉，蜂未飞到巢口，都纷纷落到巢前地面上，慢慢顺地爬进巢内，蜂飞遮天盖地，夜里 20 米远外，就能听到酿蜜排水的嗡嗡声，一派丰收景象，令人兴奋。

(3) 取蜜。4 月 12 日上午，对西蜂用摇蜜机将成熟封盖蜜取出，对中蜂用割蜜块方法也取了蜜。在此后 1 个月里用同样的办法又取了 4 次蜜。

(4) 花粉。西蜂有两张几乎满脾的花粉脾，中蜂花粉与子脾相间 5 个脾，几乎如此，大有粉压子的现象。

(5) 中囊病的发生。4 月 12 日取蜜时，发现中蜂开始烂子，确定为中囊病。

(6) 治疗。①在患病的 5 群中蜂群的地面上洒生石灰水，进行消毒。②换箱：将染病的 5 群中蜂蜂箱撤下，换上彻底消过毒的洁净蜂箱。③缩巢：将原先 5 脾蜂现压缩为 3 脾蜂，做到蜂多于脾。

(7) 药物治疗。

1) 喷冷水：用洁净的冷水每天上午不带蜂幼虫脾喷，使每脾上幼虫身上呈现有雾状态。连喷 5 次为一个疗程，间隔一周后再喷治。

2) 药物治疗：

病毒灵：按每框 1 片药量用洁净水化开，配入浓糖浆，每隔 2 日喂一次，夜晚放入巢内，若有剩余，次日早晨 7 时取出，另行存放处理。5 次为一个疗程，停一周后再治疗。

元胡：按每群元胡 20 克，水煎去渣，微配糖量，以有甜味为准，以喷雾器能喷出为度。间日临夜对带脾蜂用喷雾器喷治，喷治 3 次为一个疗程，停 2 日后再进行。

混合中草药：半枝连 15 克，虎杖 10 克，贯众 15 克，甘草 8 克，蒲公英 10 克，菊花 15 克，金银花 10 克，多种维生素 20 片，水煎用渣，用 1∶1糖水喂蜂，临夜放入，早晨 7 时将用不完的糖水另行处理。间日一次，3 次为一个疗程，停 3 日后再使用。效果见表 17A。

用以上三种药物，各施两个疗程后，交替使用其他药。

3. 试验结果

结果见表 17A。

表 17A　两年来竹子开花中蜂染中囊病统计表

项目／年代	中蜂						西蜂		
	染病		逃		亡				
	群数	百分数（%）	群数	百分数（%）	群数	百分数（%）	染病	逃	亡
2009 年	5	100	2	40	2	40	无	无	无
2010 年	5	100	3	60	1	20	无	无	无
统计平均	10	100	5	50	3	30	0	0	0

4. 讨论与建议

从表 17A 中可以看出，2 年来参加试验的 10 群中蜂全部染上中囊病，发病率 100%，飞逃 5 群，占 50%，死亡 3 群，占 30%，每年仅剩 1 群，2 年共 2 群，虽经千方百计地治疗，但无疗效。这群工蜂群势迅速减弱，最后虽没逃亡，但只剩下少量蜂，已失去饲养的价值。还不说 2 年来近 3 个月的经济收入，对中蜂而言，损失特大。而西蜂却安然无恙。因储蜜及时取出，不可能因蜜而引发中囊病，从而发现了竹子开花花粉传染中囊病，无药可治。这是为什么，我正在研究、检测和寻找治疗方法，也诚邀专家、学者、蜂友们帮助早日揭开这个谜。众所周知，西蜂具有抵抗力，故不染病。但愿这是个偶然的区域性的问题。试想：若在竹子开花时，中蜂进行兑粉，减少巢内储粉量，也许病情会轻一点。可惜受条件限制，我没做此试验。总之一句话，饲养中蜂的朋友们还是远离竹子开花地区为好。

受惊吓引起的中蜂统一摆尾动作

不时有饲养中蜂的朋友们问我：中蜂群夏秋（尤其是秋天）两季，有时中蜂成堆在箱外靠巢口处，大约每隔半分钟很整齐地统一摆尾一下，很有规律。再者，巢口处有很多黑色小点，似粪便，很不卫生。工蜂在巢内不出或少出勤，严重影响采蜜，不知什么原因。

我饲养中、西蜂 40 多年，从多年的经验、教训中我清楚地知道，这是中蜂受大小胡蜂侵害（尤其是大胡蜂，群众称之为地雷子、气死牛）惊吓所引起的。统一摆尾动作，巢口有黑色粪。摆尾动作包含两层意思：一是表明蜂受惊吓而拉下稀粪，二是有驱赶胡蜂的积极作用。

处理的办法：杜绝大小胡蜂的侵害（人工捕打或安装巢门保护网），换蜂箱（原箱已留下胡蜂侵害的气息），把换下来的蜂箱刮洗干净、晾干备用。

中、西蜂同场饲养，中蜂箱应如何摆放

近年来，中蜂有较快的发展，不少西蜂养殖户纷纷改养中蜂，或中、西蜂同场饲养。他们用摆放西蜂箱的模式来摆放中蜂箱，结果蜂错飞他群，死伤遍地，减弱了群势，甚至飞迁，造成很大损失。

西蜂认巢能力强，一般不会错投，蜂箱整齐划一地摆放，省地方，易管理。而中蜂就不同了，它们认巢能力较差，若整齐划一地摆放蜂箱，易错投，被咬死，造成不必要的损失。故而中蜂箱要错开摆放，若能用特殊标志将蜂箱人为地分割开，虽说不易管理，但总比蜂被咬死要好得多。再者中蜂箱尽量摆放到西蜂箱的后面较阴暗的地方，一般可避免西蜂盗中蜂。

对此，蜂友们要特别注意。

中蜂借脾改活框饲养方法好

近年来中蜂有较好的发展，中蜂活框饲养易管理，能大幅度提高产蜜量。春末夏初，山区分蜂群有时会飞到你的屋内、房檐下或树上，农户将其收回，若用老法饲养，实在是落后了，应活框饲养。怎样才能快速改成活框饲养呢？正确的做法是：向他人借来或抽出中蜂活框脾，且脾上有正在出房的幼蜂，至少要有这样一个不带蜂的巢脾放在西蜂箱中央，视蜂的多少，两边添加活框架，供蜂造脾使用。因脾上有子、有粉、有蜜，给蜂营造了一个良好环境，蜂是不会轻易飞逃的。这样不但改活框饲养，且能使其很快发展成为一个强大的采蜜群。

活框饲养的中蜂框距不要放得太宽

我地饲养的中锋及框架都是西蜂用的蜂箱及框架，按西蜂模式来管理中蜂，结果有些不利于中蜂发展，给管理带来很多麻烦，影响了经济效益。

别的不论，就拿框距来说，大部分蜂友都把框距设置为 1.5~2 厘米，对于西蜂来说，生产空间恰到好处。可对于中蜂而言，框距显得有些过宽了。因为中蜂个体小，巢脾厚度比西蜂薄一些，再加上上框梁宽。因而巢脾之间就显得太宽，所以，中蜂往往会在两脾之间再做一夹脾，形成脾脾连接，给管理带来诸多不便。

使用的西蜂框架，其间距以中蜂能进出为度，一般西蜂巢箱能放 12 个中蜂巢脾。

被盗蜂群绝不能随便饲喂糖浆

蜜粉源缺乏时，无论是本场还是外来场之间引起的互盗，而被盗群饲料被盗空，面临绝境，在此情况下也不能随便饲喂糖浆。

不少蜂友对发生的盗蜂束手无策，慌忙中为挽救被盗蜂群的生命，不惜金钱，想将被盗蜂群尽快喂足饲料。但越喂糖浆，越发生盗蜂，来势更加凶猛。饲养越多，损失越大，到头来饲料全无，蜂也几乎没有了。

为什么会这样？这是因为糖浆外泄气息，且被盗群已留下被盗气息，即由以上两方面因素所致。所以被盗群不能随便饲喂糖浆。正确的处理方法是：将被盗群蜂箱及巢脾更换，消除被盗气息。盗群与被盗群蜂箱互换位置。让被盗蜂饥饿半晌（最好是后半晌），夜里将空巢脾取出，另放封盖蜜脾，达到蜂多于脾，缩小脾门，糊严箱隙，并在巢门口适当涂抹如煤油、柴油等驱逐剂，这样，就可有效地制止盗蜂的发生了。

中蜂应早春繁蜂去老脾

我地大寒节以后中蜂开始早春繁蜂。

一般人的做法是：不管不问，任其自由发展，因为在秋末冬初时储蜜已被割去。这种做法实在不利于春繁，是极其错误的。

正确的做法是：①老法饲养时：在温度10℃以上晴朗的上午或下午速将蜂箱盖打开，快速用喷烟法斜喷于蜂，使蜂离脾向一边去，用快刀将其干脾或蜜脾割下，分别放于容器中，只留脾基。②活框饲养时：天气、温度同上，将蜂箱打开，速将脾上的蜂逐脾抖去，速将事先已准备好的只带脾基的2～3空框架放进巢内（视蜂多少适当放框架）。

上述两种饲养法的中蜂，当夜即用1∶1的蜜水进行饲喂，使其快速造出新脾。中蜂王爱在新脾上产卵。这样做正符合中蜂特性，促蜂发展，又可避免滋生巢虫。

我地不少蜂友不知这一做法，常发生早春中蜂逃亡事件，因为中蜂早春繁蜂必须将老脾咬掉，形成中空，另造新脾开始春繁，有些群势弱，没能力咬掉老脾，不能很好繁蜂，故而发生逃亡。

收深洞内野生蜂的绝妙方法

无论中、西蜂均钻入深洞内做巢生活，深洞又挖不开，要想收捕这样的蜂群，有两种绝妙的方法。

（1）堵塞巢门。用些短的蜂不能通过的空管如细竹筒堵塞巢门7天左右，不让任何蜂出入。另准备蜂通过的一道管，收捕时将道管一头插入洞巢中，另一头插入一透气的袋内，用泥糊严巢口，不让一只蜂从道管外飞出。

由于蜂在巢中几天不能外飞，正常的采水、采蜜粉不能进行，它们急于要飞出，这样它们会顺着道管自动爬出，钻入空袋内，无蜂爬出时，收捕即告完成。

（2）准备一道管，收捕时，将道管一头插入深巢中，另一头用喷烟器往道管里面喷烟。蜂在深洞内受烟熏，它们会从巢口纷纷外飞，结团于洞外，此时可快速按常规法收捕。

管理中蜂的五项重要措施

（1）巧用中蜂隔板。在饲养管理过程中，无论中、西蜂都离不开隔板的使用。因为它起到保温、保湿的作用。但中蜂随着温度的升高、群势的扩大，在使用隔板上与西蜂有所不同。当群势在3框以下时，蜂靠箱一侧，外加隔板，蜂可迅速发展。但蜂在4框以上时，群势渐渐强大，蜂放箱中间，两边不须加隔板。因为中蜂怕热，这样可散热快，可加速群势的扩大。如果蜂在10脾以上时，可上继箱，但到了冬天蜂在3脾以下时就要再使用隔板了。

（2）饲养中蜂不需要加巢础。笔者养中蜂几十年来从不给蜂群加巢础来扩大群势，而是利用小赘脾粘到空框架上，如果没有，在边框的位置上（蜂团外侧）加一空框架即可，蜂根据需要会迅速造出优质新脾来，这样脾是不会外露的，虽说扩巢慢了一点，但蜂集中，蜂是不会轻易生病的，如用巢础有时会被咬成洞状，蜂容易生病（脾外露，蜂稀所造成），一定要保持脾不外露，无论强、弱群都是这样。

为什么野外的山洞、树洞等无人管理的蜂群（野蜂群）大部分也能很好地生存下来，一个重要的因素就是蜂能根据自身的需要造出优质的新脾来，其根本原因是无人为干涉。所以不需加巢础，要加只在靠上框梁的下边加一小块即可。

（3）中蜂上继箱好处多。中蜂在4脾以上时即可上继箱，但与西蜂不同，中蜂放继箱中间巢继箱间不加隔王板，根据群势扩大可在巢外边适当加空框架供蜂造脾使用，整个巢箱是空的（这样可降低温度，因中蜂怕热），有利于蜂群的发展，若巢继箱分放、巢脾中间加隔王板，无论王在上或在下没王部分的巢脾上容易造出急造王台来，不该发生分蜂的而发生了分蜂，如蜂在10脾以上时，继箱内容纳不下时可将蜜脾割下或放入无王区域内，以腾出空间来放空蜂架供蜂造脾使用，这样既可扩大群势又可大大增加收入。

（4）自然王台提脾法。无论中、西蜂，如巢脾上有自然王台，又想充分利用，可这样来提脾育王，在巢中发现某个脾上有自然王台，可将巢脾提出放在其他空箱内，让其出台交尾，提这样的巢脾蜂很少会返回原箱内，因为在此脾上的蜂有分蜂或换王的意念，常常不会随便离开此脾。若提其他无王台的脾，并将王台粘上去，则提出脾后会飞的蜂几乎会飞回原群，这样王台就利用不了。

（5）中蜂割蜜块是预防分蜂的重要举措。中蜂分蜂或逃亡原因很多，其中因箱空间有限，储蜜过多蜂容纳不下也可引起分蜂或逃亡，预防的有效办法是把蜂盖的储蜜用快刀将大部割下另外保存，增加收入，这样可大大降低巢温，因蜜脾能生热（中蜂怕热），又可增加空间，有利于蜂群的发展，是防分蜂或逃亡的有效举措，由于框架上有三道铁丝作为支持，割了蜜块的巢脾是不会掉下来的。如果不是活框饲养，而是土办法饲养的蜂群可将整张蜜脾割下，如果巢脾下边有蜂就不能割，要根据具体情况灵活运用。

严防中蜂个别群迁飞而引发集体大逃亡

大中型中蜂场（20 群以上），尤其是群位密集场，活框饲养场易发生一群迁飞，波及其他生活异常群的多群乃至几十群集结于某处，形成一个硕大蜂球，引发集体大逃亡事件，造成王死、蜂亡、蜂残的巨大损失。最易发生的有下列四种情况：交尾群、两框以下（两标箱、框架）的弱群、受病敌害群、分蜂热群。

（1）中蜂交尾群一般较弱，当处女王交尾外飞时，工蜂往往伴随飞出，形成乱飞。

（2）两框以下的弱群，它们属于弱势群体，一有风吹草动，一群迁飞，其他群受其影响也会跟着飞出。

（3）受病敌害群，如立蛆、烂子病、欧幼病，为摆脱病态，但还坚持未走，迁飞时间没确定。受敌害侵扰，如巢虫、大小胡蜂，为排除绝境，须重新筑巢生存，但还未迁飞，一旦有蜂群迁飞，就会响应迁飞。

（4）分蜂热群，要分蜂而时间未到，一遇他群迁飞，就立即响应。

首先由一群迁飞，团集于某处，上述四种类型蜂群就很快外飞，数群乃至几十群，它们先后团集一起，形成一个硕大蜂球。因群味不同，它们相互撕咬，大球内还有多个小蜂球，每个小球内都有一只蜂王，时间不长，困而死王，球下面的地面上能堆很厚一层死蜂或半死蜂，很难处理。

2000 年 3 月的一天下午，我因事外出，下午 3 时回育种场（老界岭蜜蜂园育种场）看到蜂场上空似乌云一般，工蜂乱飞，发出的声响 300 米开外就能听到，不久在一棵似碗粗的梧桐树上结成一个近半米的大蜂球，树将折断，工蜂相互撕咬，地下死蜂或半死蜂竟达 3 厘米厚，惨不忍睹。我用家用爪篱随意收蜂，分放到布好巢的空箱内。事后经检查，三个处女王群 16 个生产群参与集体逃亡，无一蜂王存活，巢内储蜜几乎全无，经调整只剩 7 个 3 框群势的蜂群了，损失巨大。

2001 年 4 月 2 日下午西峡马氏中型蜂场，有 6 群蜂集体逃亡，马姓蜂友打电话邀我前去处理，处理结果只剩 3 群，每群不到 2 脾蜂，6 个蜂王全被咬死，好在马姓蜂友育有王台，安上王台，草草了事。

这种现象在其他大中型蜂场也屡屡发生，尤其在活框饲养群场。小蜂场不易发生这类情况。究其原因，都属于生活异常群，因此要改善其生活，把蜂群调整到正确的生活规律上来。如交尾群要远离生产群越远越好，只要能看管就行；要有充足的饲料，要有未封盖的子脾，增强蜂的恋巢性；要单箱放置，群位以大为好；掌握好分蜂时间，老王剪翅并在巢门口安装隔王板。病群要对症下药，如欧幼病用80万单位四环素兑水2.5千克清水化开去渣，取清水药液，兑水250克喷蜂10脾，2次即可。立蛆、烂子病可按龚凫羌、宁守荣二位专家的治疗药方：元胡20克，煎汤去渣，兑水250克，氯苯那敏1片清水化开，兑入其中，只喷2次即愈。春繁时每群用10万单位青霉素兑入糖浆中饲喂2次，作为预防。

若是巢虫危害，蜂箱要经常保持洁净。箱底涂擦食用香油，箱内再放几根手指粗细的纸筒数个，一星期一换。在技术不过硬的情况下，可用老办法饲养蜂群，因活框饲养虽好处很多，但它彻底改变了野生自然群的生活规律，技术性强，不易掌握。要保证人不离蜂场，把敌害降到最低程度。

只有这样，才能预防大逃亡事件的发生。

中、西蜂什么时间分蜂、换王、培养处女王好

无论中蜂或西蜂，分蜂是增加蜂群数量的唯一手段。蜂王的优劣是决定蜂群强弱的重要举措。什么时间培养处女王、分蜂换、王最好，又不影响生产，且能增加经济效益呢？这是蜂友们普遍关心的问题，下面谈谈我养蜂几十年的一些做法，供广大蜂友参考。首先要确定该年养蜂的主要目的是什么，是增加经济收入，还是扩场需要，还是二者兼顾？不同的目的，做法就不太一样。

植物流蜜一般分为大小年。大年应以增收为主要目的，小年应以分蜂为目的。要根据流蜜的原则，又要符合蜂群的生物学要求。下面谈一下二者兼顾的一些做法。

分蜂的原则是时间越早越好，因为后面繁蜂或恢复时间较长。又要根据群势的强弱来决定。一般来说，西蜂群势达到11脾蜂时，抽出两张带蜂老子脾与再抖一脾幼蜂（预防少部分外勤蜂飞回原群）另组新群，时间为油菜花中后期或刺槐花期。中蜂群势达到6~8脾蜂时（使用西蜂箱、西蜂框）用一分为二法分蜂，时间在农历三月底或四月初。

因这时也是中蜂分蜂高潮时期，一定要充分利用中蜂这一生物学特性。若

中、西蜂群势达不到这个要求，可推迟到荆条花中期时进行。西蜂要抽出 3 个带蜂老子脾与再抖一脾幼蜂（理由同上）组织新分群，中蜂要有 10 脾蜂，还是一分为二分蜂法，尽量做到群情相同。因某种原因以上两个花期都不具备分蜂要求，那只有在芝麻花期进行。中、西蜂都要用均等法来分蜂（西蜂群势在 12 脾蜂以上，中蜂在 10 脾蜂以上），只有这样才能二者兼顾。

不论中、西蜂，换王都要在蜜粉源丰富时，采取一次性换王法进行，不要拖延时间。

什么时间培养处女王为最佳时段？一般来说，专门培养的雄蜂露头才可移卵、虫，养王，最好用外来优良蜂种，也就是说雄蜂出来时，就要移卵或移出 24 小时以内的小幼虫，积极、精心培养处女王。因为雄蜂性成熟从出房开始需 15~23 天，而中、西蜂从卵或幼虫到成蜂的处女王需 22 天左右性才成熟，这样正好二者性都成熟，它们就可在空中短暂找到心爱的伴侣。处女王才可真正成为产卵王。

在荆条花中期时，新老蜂群中蜂群势要达到 6~9 脾蜂，西蜂群势要达到上继箱标准。达不到此标准（上 4 下 7，双王为下 8），要互抽调不带蜂的老子脾补助较弱群。一定要做好秋繁工作，定要使新老越冬群势均在中蜂 4~5 脾，西蜂 5~7 脾蜂，只要精心饲管达到王新、群强、蜜足、无病害，两种蜂新老群年均收入 500 元以上不成问题。

怎样使用水泥蜂箱

蜂箱是养蜂的重要工具之一。但是木制蜂箱容易破损，会造成一定的经济损失。而当地饲养户近年来使用水泥制成的蜂箱，制作简单、省工、省时、省钱，且能永久使用。制作一个水泥蜂箱成本只是一个木制蜂箱的 1/10，这就大大地降低了养蜂成本，可以说这是当地饲养户的一个新创新，不管饲养中蜂或定地西蜂都可应用。在长期使用过程中，在同地、同蜜源、同蜂数量的情况下，无论中蜂或西蜂都存在着群势发展缓慢的弊病。

前年春天，我地一位程姓蜂友，他在当地使用水泥蜂箱定地饲养西蜂，与同村定地使用木制蜂箱的杨姓蜂友，开春各用 10 群蜂做试验。都调整为每群 4 脾蜂，他们俩蜂场四周油菜花盛开，3 月中旬杨姓蜂友 10 群蜂都升了继箱，都是上 4、下 6 布巢，共 10 脾蜂，而程姓蜂友只有 5 脾蜂。杨姓蜂友取蜜 4 次，共 250 千克；程姓蜂友取蜜 2 次，共 75 千克，二者差距巨大。为什么开春时蜂情一样，同一片蓝天、同一个蜜粉源，其结果不一样呢？

淅川县一位王姓蜂友，在当地使用水泥蜂箱饲养中蜂，与同村使用木制蜂箱的李姓蜂友也进行了对比试验。春繁时他们蜂情一样，同为 1.5 脾蜂，油菜花期结束时，李姓蜂友蜂为 6 脾蜂，取蜜 2 次，共 55 千克；王姓蜂友每群不足 3 脾蜂，取蜜 1 次，12 千克。为什么二者相差如此巨大呢？今年夏天，二位蜂友请我去看蜂，并希望找到原因。我打开水泥制蜂箱一看，工蜂大部分都在箱四壁覆盖下乘凉，脾上附着蜂极少，这是因为箱热而引起的。众所周知，水泥地面要比土地地面温度高出 2~5℃，换句话说，使用水泥蜂箱巢温要比使用木制蜂箱温度高出 2~5℃，相反开春温度低，水泥蜂箱要比使用木制蜂箱温度低 2~5℃，水泥蜂箱湿度也难保持正常，使用水泥蜂箱的蜜蜂为保持正常的温湿度，付出的劳动要比木制的蜜蜂大得多（因为木制蜂箱的温湿度容易保持）。难怪水泥蜂箱蜂群势发展不及木制蜂箱的 1/2，其产量不足 1/3。

那么怎样使用水泥蜂箱才能与使用木制蜂箱的情况与产量一致呢？我们再三试验，水泥蜂箱除前壁外，除使用木制箱盖外，把后、左、右三壁用土掩埋 30 厘米以上的土层，形成一个小地堆。这样既保温又保湿，符合蜜蜂的生物要求。今秋，他们按我们的说法去做，和使用木制蜂箱的蜂友相比较，相差无几，都获得了满意的效果。

天旱、高温、不通风是诱发中囊病的重要原因

中囊病是中蜂的头号杀手，90%以上的中蜂毁于此病，无怪中蜂蜂友谈及此事，谈虎色变。此病的发生原因是什么呢？众说纷纭，到目前为止还无定论。

养中蜂几十年，从实践中笔者认为中囊病是天旱、高温、通风不良所造成的。当然与蜂种、场地、巢脾、工具消毒、饲养管理方法不当也有关系，但是这都是次要的。

从报道中得知，寒地不得或很少得此病。如东北、华北、西北等地区，而长江以南温度高的地方患此病居多，尤其是放在水泥地面上的、平房顶上的更为突出。这是因为水泥地面的温度要比土地地面高 2~5℃，且通风不良处的蜂箱易得此病。尤其天旱时加剧发展。前年夏天我地干旱 2 个多月，县城放在平房顶上的中蜂群几乎都得此病，大都死亡或逃亡，损失巨大。而放在山区树林之中的土地面上的蜂群几乎无此病。凡有底窗的蜂箱放在土地面上的根本无此

病。从而不难看出天旱、高温、不通风是诱发中囊病的重要原因。

我地吴家沟村吴姓蜂友，几年来几十箱中蜂一直放在水泥地面上的院内，夏天最高气温在38℃以上，几乎年年蜂群都患此病，虽经多方精心治疗，但是疗效甚微。自2005年他将蜂群移到院外杨树林地的土地面上后，且蜂箱底部都开了窗，到秋末也未发生此病。

脾多、蜜多、蜂少而引起中蜂逃亡

我地有位马姓蜂友，养了几十群中蜂，2007年秋末，有十多群蜂相继逃亡，他找我们去查明真相。他是用土法饲养的，用的都是圆桶。随便打开蜂箱一看，脾上几乎储满了蜜，蜜脾大小平均约30厘米宽、40厘米长，共有9张，从这种迹象看，应该是群强蜜足，且无病迹象，蜂是不会逃亡的。然而相反，我又看了几群，都是蜜脾多，应该是蜂多群强，然而蜂却不多，实为弱群。上午看的蜂，下午1时看到这几群蜂相继出逃。这是为什么呢？不合常规。

我告诉马姓蜂友，先群势弱，为弱蜂群。春、夏的群势强大，储蜜多，后来因干旱，蜂王老化或有其他原因，使蜂群逐渐变弱，便形成了上述蜂情。再加之蜂箱破损易发盗蜂，空隙大，很难保证正常温湿度，同时外界多少还有点蜜粉源能维持蜂群生活，所以蜂为了生存而弃巢逃亡。第二天早晨我去将蜂巢外露的蜜脾全部割掉，人工保存的蜂将全部剩下的脾包住，也就是蜂多于脾、脾不外露，从此蜂再也没有逃亡。

谨防中蜂王莫名死亡

在长期饲养中蜂的过程中，我曾多次发现中蜂蜂王莫明其妙就死了。若无人为因素干扰，这群蜂肯定是遭到西蜂的盗劫。1989年刺槐花期时，来我地的西蜂场很多，在不到5千米的公路两边竟有8家百群以上的大型蜂场，有一蜂场距我场不到300米。花期临结束时，我发现放在场外边的一群中蜂蜂王死在巢门前，其腹节内有一蜇针，未发现蜂群有打斗现象。开箱查看，发现有改造王台。为什么刚产卵不足月余的优质新王会被刺杀呢？我百思不得其解。再三查看箱内外情况，发现在箱内角有一只缺蜇针的西蜂工蜂尸体，这是否就是为害者？为什么这只西蜂进入群势较强的中蜂巢内，而工蜂不加以阻止？

为了验证此事，我将在20世纪60年代做中西蜂杂交试验的观察箱取出（除前壁、底为木料，左右壁盖均为玻璃）消毒，内放6框中蜂的老王群（王老稳重，框距加宽0.5倍，以便观察），放在场外地10米显眼的地方，并捉来一只西蜂工蜂放在其巢门前，有意让它进入巢内，观察西蜂行为。

我意外地发现这只西蜂没受到任何阻拦，顺利地进入巢内。这只西蜂在巢内开始有些胆怯，大约过了1分钟，就大胆在巢内各处活动，无一只中蜂围阻；西蜂在巢内四处乱跑，好似在找什么。大约过了10分钟这只西蜂发现中蜂王，就开始追逐攻击蜂王，并且蜇刺蜂王，没一个中蜂工蜂保护蜂王。我急忙开箱将其杀死，才使蜂王免遭其害。此后又做多次试验，情况如上。但当5只以上西蜂同进巢时，就受到工蜂的阻止撕咬，如阻挡不住时即发生“西盗中”事件。为什么个别西蜂进入中蜂巢门时很顺利，到其巢内刺杀蜂王而未受阻呢？但当5个以上西蜂工蜂同时进巢时却遭到中蜂工蜂阻止，若西蜂工蜂来得多，中蜂工蜂抵挡不住即发生盗蜂。若个别西蜂进巢未被发现，而一只胡蜂进巢却能被发现。只要中蜂王一死，必定引起巢内大乱，西蜂趁乱盗蜜。刺杀中蜂王是盗蜜的前奏，这个问题蜂友们要注意。

怎样来预防呢？中蜂场地要离西蜂场地5千米以上，蜜粉源临结束时，要严控盗蜂，安装阻止西蜂进入的隔王片（0.39厘米以下）。

养蜂小经验二则

（1）原生态中蜂饲养最简单的查找王台法。众所周知，中蜂原生态（土法或叫老法）群，每年农历3月底、4月初是分蜂旺季。因巢脾是固定的，群势又大，很难发现巢里边王台发育情况及个数，很难掌握其准确的分蜂时间，会造成不必要的损失。

河南省内乡县赤眉镇四坪村陈小堂蜂友养蜂几十年，创造出一种独特的查王台法。就是用烟在蜂团下方轻轻熏一下，蜂会迅速向蜂团上方跑去，趁机将大些的镜子迅速放到蜂团下面的底板上，用手电照到镜子上，利用反光会清楚地看到王台发育情况及个数（因为王台都在巢脾下部分的边沿上）。这种方法简单、省事、省时。

（2）原生态中蜂饲养的最简单收蜂法。陈小堂蜂友准确掌握了分蜂时间。当发现分蜂开始时，赶快把一事先准备好的透明小布袋安装到巢门口。蜂像潮水般汹涌进入袋内。待不再出蜂时，速将袋口扎住，分蜂一个也跑不掉。然后再适当处理，成为一个新分群。

收蜂谨防假蜂王

中蜂逃亡或飞迁时常有假蜂王。蜂友们收到中蜂时应特别注意。2007 年夏末，不知从什么地方飞来一群中蜂落在我蜂场一棵 6.6 米高的杨树上，我把蜂收回，抖入蜂箱内。蜂很快上脾，秩序井然，大约 20 分钟就有外勤蜂出巢采集，带回花粉。接着几天都是早出晚归，很正常。一星期后我开箱检查，一看脾上产子很乱，大多数一房多粒卵，当时就确定为无王群，但蜂不乱。我想若无王蜂肯定秩序乱，但现在很正常，我再三寻找，终于找到了一只产卵的工蜂，即“假蜂王”，所以巢内无一改造王台。我将这只假蜂王去掉，不到 10 分钟蜂群大乱。第二天查看，出现 5 个急造王台，证明此前假蜂王在起作用。2009 年秋柳盂头花期，又飞来一群两框蜂的小群，蜂上脾后，我迅速检查，发现又是 1 只假蜂王，赶紧处理。据蜂友们介绍，他们也遭遇过这种情况。蜂友收到外来中蜂群时，要注意这种现象。

将中蜂王介绍到意蜂群里为什么不会成功

近几年来笔者通过多次反复的试验，将中蜂王（中华蜜蜂）介绍到意蜂失王群里，开始一两天没有什么问题，但时间超过两天后，意蜂群会把中蜂王杀掉，从而导致介王的失败。为什么会发生这样的问题呢？原因有二。

（1）双方生活不习惯。意蜂工群对本族（通指西蜂）的蜂王有鉴别能力，大家知道中蜂与意蜂本不是同族，因而对中蜂的一举一动都不满意，反过来中蜂王对改变生活状态也不习惯、自然，双方都抱有敌视态度，开始一两天倒没什么，超过两天双方矛盾激化，结果中蜂王不是出逃，便是活活被整治而死。

（2）王质不同。中蜂王的王质有别于意蜂王质，意蜂对王质的改变很敏感。各族王有各族蜂的固有王质，因而意蜂知道中蜂王不是自己的同族蜂王。

蜜蜂的趣事

1. 飞行路线

无论中蜂或西蜂飞行路线规律都是一样的：在平原处，无论出巢或回巢，蜂都是直线飞行的，这样距离最近。而在山区就不同：出巢时翻山越岭、飞走近路；回巢时顺沟、河而上，飞走较远平路。它们飞行高低都在离地面 7 米左右，从来不会碰到障碍物，和人行走一样。

我养蜂 50 余年，用肉眼、望远镜观察蜂出、回巢是怎样飞行的，很有趣味。每当大流蜜时，出、回巢蜂飞忙碌。出巢时翻山越岭，近乎直线，以最快的速度、最短的行程到达目的地进行采集工作。回巢时带着丰厚的收获，顺着沟、河较平处，拐弯抹角飞走较远路回家中。

我常想小小的生灵，真不简单，与人一样，不带东西时体轻，飞越山岗走近路，赶快去工作。满载而归时负荷重，翻山越岭费气力不容易，就飞走较平处，多带东西，因而顺沟、河而上下。

2. 从蜂群透视箱中与箱外所看到的

我是将中、西蜂同场饲养的，多次在透视箱中观察中、西蜂群三型蜂及在箱外看到蜂的生活情况，尤其对处女王更为注意，并注重对其野外观测。

所谓三型蜂，即蜂王（母蜂）、工蜂、雄蜂三种组成蜂群。蜂王专职产卵，蜂群中一切生存的蜂都是它的后代，受到全群的爱戴，产卵时它走到哪里，哪里的工蜂就让开一条通道，供它行走；走到哪里，哪里的工蜂就主动饲喂它王浆，为它清理身上一切卫生，使它保持干净、健爽、愉快，使它多产卵。一天产卵量比自己身体还要重，但它一点家权也没有。一旦要造王台，准备分蜂时，有几只工蜂逼迫它到事先准备的王台处往内产卵，若不产卵，就往其身上爬，似撞击。一旦产上卵，停一周左右，工蜂就不像以前那样关心它了，它饿了就自己去找点蜂蜜充饥，因而腹部变小，身体缩小了。分蜂或跑蜂时，首先有许多工蜂出巢在蜂箱周围环飞，只见内边个别工蜂追逐蜂王到巢门口，强迫它飞离蜂箱，若不飞，就有工蜂用头去拱蜂王，使它飞起。这时因老飞不起，蜂王就会顺地爬行，随即工蜂就以蜂王所在处结团。另一种情况是有 5~7 只工蜂将蜂王抬起飞走，这时其余飞出的蜂随蜂王飞走，往事先侦查好的地方飞去。

有趣的还有，当处女王出生5天后的下午1~5时阴道口一张一合，即标志着性已成熟，可以结婚了。首先有新工蜂试认巢飞行的样子，似分蜂、跑蜂，工蜂以对待蜂王的样子来对待处女王。处女王首次外出飞大约5分钟即回巢，再经过15分钟休息后再次出巢外飞，经30分钟至2个钟头飞回，阴道口有一个白色点塞住阴道口，这叫交尾标识，若没有，第二天或第三天下午1时以后再外飞交配。有交尾标识才算交配成功。从此以后，蜂王就成为名副其实的、但没有实权的妈妈了。

（1）工蜂。负责巢内外一切工作，即蜂群的劳动者，青年工蜂主宰分蜂、跑蜂等活动。它们是按出生日龄来从事自己的工作，1~3日龄工蜂任务是硬化骨骼，熟悉环境，打扫卫生。4~6日龄工蜂用将蜜和粉调和后的饲料饲喂大幼虫。7~17日龄工蜂饲喂小幼虫，因这时它们分泌王浆腺最发达，王浆是饲喂蜂王产卵、小幼虫发育的必需营养品。可谓青年蜂是整个蜂群的统治者，是领航、领导人物。此后一直从事巢外工作，直至死亡。

（2）雄蜂。农村也叫女蜂（因为它们没有毒针），不会蜇人，故此叫女蜂，也叫狂蜂、懒蜂、季蜂等土名。因为它们光吃不做活，并且食量很大，是4~6个工蜂的食量。它唯一的任务是与处女王交配，在交配期间备受工蜂的关爱，下午1时以后飞出巢外寻处女王，大约30分钟回巢一次。到巢中有青年工蜂大献殷勤，不是清理它身上的污物，就是来饲喂它，十分尊敬它，类似蜂王的待遇。吃饱喝足了，它再次外飞寻欢，看谁飞得快，追上处女王，并紧紧抱住处女王，双双坠落地面，完成交配；处女王毫不客气，会将自己的伴侣的阴茎撕掉，不久雄蜂即死去。为了爱情，雄蜂不惜牺牲自己的生命。

一旦蜜粉源缺乏或不需要它们时，工蜂会毫不客气地将它除去。工蜂将它们驱赶巢外，活活饿死。有的雄蜂死皮赖脸不出巢，工蜂就会将它们驱赶至箱底、箱壁上，不让它们进食，时间不长也会被饿死。蜂群需要雄蜂时，就会培养出雄蜂台来，将蜂王逼到这些地方产未受精卵，工蜂就会培养出雄蜂来，蜂王会生雄生雌，随心所欲。

（3）蜂王。一般来讲，蜂王在工蜂关怀下，能存活5年左右，蜂王随年龄增加，产卵力下降，所以养蜂人一年或半年就要换掉它。

工蜂在不劳动的冬季能存活半年左右，雄蜂在无王群或老王群中有工蜂关怀，也能存活半年左右。必须说明的是，西蜂的雄蜂居住地是大蜂螨喜欢居住的地方。再者，无论中、西蜂的雄蜂出现，一是大量消耗蜂饲料，二是分蜂的产生的原因之一，所以，养蜂人会毫不客气地将它们除去。工蜂的任务也不是一成不变的，根据蜂群的实际需要，按日龄划分任务。

饲养中蜂到底使用什么蜂箱好

近年来不少蜂友问我，饲养中蜂使用什么蜂箱好？简单地回答，地区不同，蜜粉源不同，效果不一，各有利弊。我国现行蜂箱形式众多，如西标箱、沅陵式、中一式、中笼式、从化式、景戎式、高窄式、中标式、GN 式等。它们都能使用，但都不尽人意，到目前为止，到底哪种蜂箱饲养中蜂最好呢？我一时也回答不上来。

笔者养中蜂几十年，共使用过三种蜂箱，即西标式、中标式、GN 式，它们的使用效果不一，各有千秋。现就对使用情况简介如下。

我长期使用西标式蜂箱，从 2010 年春开始少量使用中标式、GN 式至今。为对同场、同蜜粉源、同是新王、同重量的群势进行效果比较，笔者以一年为一单位，春天开繁时间蜂量都用秤称，分别为第 1 组 0.25 千克，第 2 组 0.5 千克，第 3 组 1 千克，每组三箱。开春时都只用巢箱，发展蜂最快的是 GN 箱，其次是中标箱，西标箱最差。

随着时间的增加，于农历三月底都用继箱形式饲养，原来第 3 组差的慢慢上升为第 1 名，第 2 组还是第 2 名，原来第 1 组变为第 3 名，并且于农历四月中旬，第 2、3 组闹分群热，工蜂怠工。

通过 3 年的试验，无论从群势的发展、产蜜量的统计，效果都是一样。在同等情况下，开春在 0.25 千克的蜂量下，GN 箱为最好，西标箱效果最差，中标箱群居中。开春在 0.5 千克的蜂量下，效果同 0.25 千克的蜂量，开春蜂量在 1 千克以上的中标箱群为第一，GN 箱群居中，西标箱群最差。从夏季开始情况发生变化，慢慢西标箱群群势上升，为第一，中标箱群居中，GN 箱群最差。从产蜜量上来看，效果也是如此。

为什么结果如此不同呢？其原因是 GN 箱体最小，开春气温低，蜂少，便于保温保湿。随着温度升高，中蜂怕热，GN 箱不利散热，不利扩群；而西标箱空间大，利散热，有利护巢，所以群势发展最快；中标箱居中，由于群势强，所产蜜最多。

从而试验了群势小的应使用 GN 箱，群势大的应使用西标箱，在同等条件下，应根据蜂量多少来决定使用什么蜂箱，灵活运用，不拘一格。

中蜂越冬应中空布巢

1. 活框饲管群

我们从原生态饲管中蜂群越冬后都会发现，蜂团中心部位上的巢脾被蜂咬掉，形成一个空洞，蜂团聚在一起，相互取暖，度过寒冬，翌年春繁时，蜂在空洞处补造新脾，供王产卵。

根据这一生物学特性，在活框饲管群越冬时也应中空布巢。其方法是：越冬时在蜂团中心部位放进一个空框架，形成中空。例如，3 脾蜂越冬，中间放一脾抖蜂取出，在原位上放进一个空框架。不同蜂量的巢脾取出，照此方法进行。使蜂巢中空团聚，顺利越冬。翌年春繁时将整个老巢脾抖蜂取出，换上适量的空框架，务必使蜂团聚在空框架内，每晚用 1∶1的糖蜜水 0.25 千克进行不间断的奖饲。开始时应多点糖蜜水，务必使蜂快造新脾，供王产卵。

2. 原生态饲管脾

活框饲管群，越冬时容易中空布巢，而原生态中蜂越冬群中空布巢要难一些，但也能做到。那么怎样做呢？我也有少量原生态群，我是这样做的：临近越冬，只要外温在 15℃以上时的上午，用特制的宽度为 2 厘米的薄铁铲（也可用铁皮代替），将蜂团中心部位上的一个巢脾用此铲沿此脾中间靠顶板小心铲进，然后小心用手将此脾掰掉，取出，形成中空。操作时务必小心不要将王弄死，翌年春繁时按时取净中蜂巢中的储蜜。

这样做的好处是：适应中蜂生物学特性，损蜂耗蜜少，王新，群强，加速繁殖，丰收在望。

中蜂无脾运蜂法

2010 年 10 月下旬，我地一蜂友欲购 100 箱中蜂。我地没有，只能到 300 千米外的异地购买，为快捷、多运、省钱，我们采用了无脾运蜂法，获得成功，现介绍如下：

10 月下旬，巢内已无封盖子，蜂群已初步处于越冬状态。我们用透气装菜袋，内放一枝柏树枝（不掉叶）将蜂逐脾抖进袋内，连同柏枝上端扎紧袋口，挂起待运。不久蜂就会在柏枝上附着结团。

我们用的是货运汽车，在汽车箱内横系几道绳子，速将装蜂透气袋悬挂到绳子上，绑好后即启动车回家。回到蜂场，速将袋内蜂分别直接抖进事先准备好的蜂箱内，严加管理。

这次无脾运蜂，基本没有损失。后来又试运 3 次，均获得成功。只要蜂已断子，做好通风工作，汽运一天时间内的距离，蜂不会饿死。蜂友们请大胆使用。

中蜂分蜂、跑蜂的成因、预防办法及怎样收蜂

中蜂分蜂、飞逃都有一定的内因和外因。收蜂要有一定方法，才能高效益养蜂。

1. 种族的延续

任何一个物种都有延续的欲望，要不这个物种早就从地球上消失了。在没人类之前就有了中蜂的足迹，它们有极强的生命延续性，在一定的时候有强烈的分蜂情绪。中蜂一旦分蜂，2/3 的成蜂跟随老王出走，原群突然变为弱群，对生产影响极大。对于急需扩场的蜂友是个大好事，而对于增收蜂产品的蜂友来说是很大的坏事。

那么怎样才能做到分蜂、生产两不误呢？每当春末夏初时是分蜂高潮期，蜂友们要特别注意多作箱外观察。中午时，一旦发现某箱雄蜂特别多，在箱外试飞，就要查找箱内情况，看是否有王台，若是原生态饲管群，查找王台的办法请按拙作《怎样快速查找原生态饲管群的王台》方法进行，或看某箱工蜂大量聚在巢箱巢口上方处（即蜂胡子），而其他箱工蜂积极采集，出出进进不断，唯此群在怠工。此群要赶快处理，因此群分蜂在即，刻不容缓。处理的办法是：①活框饲管群，有储蜜 1~2 脾并有各龄幼虫、带蜂、带王，另放他箱新的位置上，最好组成双王群。②原生态群，用熏烟法将蜂熏向巢上方或巢箱内壁上，按操作“快速查找原生态王台的方法”进行处理蜂群。

2. 飞逃

中蜂飞逃原因很多。中蜂对蜜粉源的好坏非常敏感，若原场址蜜粉源缺少，极有可能要飞逃到蜜粉源较好的地方，这是中蜂生存的物质条件，因此场

址一定要选择在蜜粉源丰富的地方。也有蜂种的问题，劣性王群易逃跑，所以我们要用优质王。当然也有一定的外在因素，如箱位不当，影响工蜂出勤路线，突遭敌害、疾病、群弱不能自身生存、盗蜂、烟熏、震动、异味、环境不良、机器轰鸣、高压线下、水源不洁、中毒等众多原因。下面简述常见的两种：

（1）群弱。秋末时，1脾以下的小群势，蜂感到越冬有困难，有消亡之险，为了生存，这样群即与他群自行合并，处理办法：这样的群势除补充封盖子外，以壮大群势，没有封盖子脾的，要合并蜂群，或组成几个弱群同箱饲养形成饲管。

（2）交尾群。一般交尾群的群势较弱，只要蜜粉源丰富，西蜂用微型交尾箱，100多个工蜂就能培养一个蜂王。而中蜂就不行，至少要有1脾蜂，脾上必须有各龄幼虫和封盖子才行，光有蜜而无其他，80%蜂极大可能会在处女王外出交尾时随处女王逃跑。

3. 怕穷

中蜂最怕箱内无储蜜，一旦缺蜜，即逃亡。不像西蜂那样饿死也不逃（个别群例外），所以中蜂饲管群巢内一定要有丰富的储蜜。

4. 怕热

中蜂怕热，所以，我们一定要想尽办法在暑天降温。如箱底开底窗，箱盖遮阴，往覆布上浇水，升继箱等。

5. 病敌害

在饲管过程中一定要注意场地蜂具的消毒，注意改善各种不良条件，对于各类疾病要做到防重于治，一年四季都不能放松。

由于种种原因，已出现分蜂或逃亡现象的，要立即制止，如蜂王剪翅、巢口安装隔王片等措施。一旦发生分蜂或逃亡时，要立即关闭巢门，去掉大盖，往覆布上浇水降温，或在铁纱盖上再升一个空继箱来降温。如果没有及时发现，蜂正出巢，要立即在巢口安装一个透气的袋子来收蜂。一旦蜂已出巢，要立即制止。往飞行中的蜂喷水或撒土，阻止蜂往远处或高处结团。若蜂已结团，要视结团位置来决定收蜂办法。①低处：立即在准备好的箱内至少放一有各龄幼虫及封盖子的巢脾，两边各放一个空框架，放于箱内一侧，箱前低后高放置，用手或勺去弄蜂，往箱内放，将蜂团上的蜂基本都弄到箱内，这时若空中乱飞蜂往巢口飞进，说明王已在箱内，等空中乱飞蜂进完，就可塞住巢口，拿回蜂场。若空中乱飞蜂不进箱，或箱内蜂顺巢口往外飞，说明王不在箱内，要立即关闭巢门，不让箱内蜂飞出跑丢。这时要仔细寻找周围树上或地面的蜂王，要特别留意有几个或十几个小蜂团，往往蜂王就在其内，要小心用手捉住蜂王，快速、轻放到箱内即可。农村大多收蜂时用竹爪里采收，方法是将竹爪里慢慢靠近蜂团，让蜂慢慢团聚到爪里下或专用收蜂器内。也可用一个透气的袋子，口对着蜂团，猛地振动附着物，让蜂掉进袋内迅速扎口。年轻人眼睛好，对着蜂团看到蜂王时速用手捉住，用王笼扣住，放进准备的箱内或竹爪里或收蜂器内，蜂自然就会自动进入箱内或在竹爪里、收蜂器内结团。若使用诱捕箱收到蜂，天临黑时将准备好的布好巢的箱子，放在原位上，立即将蜂抖进新箱内，外飞蜂会很快飞进箱内。②高处：若蜂团结于高处，在长竹竿上绑一个有各龄幼虫、封盖子、带蜜的巢脾，巢脾慢慢靠近蜂团，让蜂慢慢附着到此脾上。也可找一个废弃的老王，扣王挂到此脾上，收蜂效果会更好。若结团物不大、低，天将黑时，可将此物用斧或锯砍倒，将蜂直接抖入备好的新箱内；若蜂团结于高处，可振动此物，或用绳绑住，用力拉摇动，让蜂团掉在地面，再行结团，进行收捕。如果蜂团结得太高，又不能去掉，那只好放弃。如果蜂已进入深洞内或特殊建筑物内，那就只有按“怎样收深洞的蜂”的方法进行。

分蜂、跑蜂原因很多，蜂友们应多观察、多注意，及时解决各种不利因素，让蜂舒服生活，它就不会或少发生上述现象。各样收蜂办法，蜂友们都要熟练掌握，具体情况具体对待，恰到好处，只有这样才能养好蜂，才能有高效益的收入。

分蜂的假象

近期有一饲养中蜂的蜂友告诉笔者：近年来他用老法饲养的中蜂，每年春末夏初分出的蜂，收回并见到蜂王，放在箱内且蜂已造脾、王已产卵，一切正常，但过2~3天，开箱查蜂，蜂2/3不见了，又看原巢箱蜂却多了不少，心想这是分出蜂又回到了原箱，问我这是为什么？

我问他两箱离多远，回答是至少30米，又问怎知是分出蜂又回到原箱内？回答不知道。

一般来说分出的蜂只要有蜂王，蜂箱正常，即使将分出箱放在原箱旁边，分出蜂也不会再回原箱内，它们把原箱的一切情形忘得一干二净，只有当分出蜂发现蜂王不在其内，才想起原巢来，才有可能蜂回原箱，这是由它们生物学特性所决定的。既然蜂造脾、王产卵，说明情况正常。分出蜂的工蜂每天都有少量死亡，是正常现象，也不会在2~3天内蜂损失2/3。原箱在2~3天不断有新蜂出来，群势有所增加，是正常现象，并不是分蜂后有工蜂又返回原箱内，那么分蜂箱内工蜂很快减少，我想另有原因，如箱有异味、蜂死外面等情况，没有调查，不得而知。

我告诉这位蜂友，要仔细观察，找出真正原因，不能想当然，若下回再收回分蜂时，可在一些工蜂身上做记号，验证你的现象真伪，届时就清楚了。

垒墙放蜂箱方法好

笔者在三门峡中蜂培训班授课时，结识了不少蜂友。其中有位陈姓蜂友，在介绍经验时，他说他受地理环境的限制，地面狭窄，蜂群多，无处放，于是他垒了2米高、60厘米宽、20米长的石墙，垒时将要放蜂箱的位置留住，洞口分上、中、下三层，排距和层距各为0.5米。石墙为南北走向，上、下两层箱位朝东，中层箱位朝西，能放几十个蜂箱备用。

我听了以后，觉得方法不错，培训班结束后，我特意去查看，他说的一点不错。我抽开8个蜂箱查看蜂情，蜂箱不错，与少数放在地面上的箱蜂情一样，我觉得对于地面狭窄、无处放蜂箱的地方，这种放蜂箱的方法值得推广。

水泥桶饲养原生态中蜂方法值得提倡

老界岭蜜蜂园育种场张长周老家在深山区，原生态饲养中蜂100多群。他用木质蜂箱极易损坏，从2010年开始，试用直径40厘米、长70厘米的水泥桶作蜂箱，经济实惠，简单省事，价格是木箱的1/5，且可永久使用，效果不错，值得提倡。

使用方法是：桶的两头用木板作盖，在桶的一头木板上开一个宽1厘米、长3厘米的条形洞，作为巢门。桶内涂擦一层纯蜂蜜，将整个桶埋入待定地下，只留有巢门的一头，并在巢门上方贴黄、白、蓝三色中的一色，一小块布或纸，等待分蜂群或迁飞群自动飞入其内。当收来蜂时，在桶内贴巴掌大的2~3个巢脾，将蜂抖入其内。当夜要用1∶1的糖蜜水奖饲蜂群，造新脾，供王产卵。视储蜜情况进行奖饲。这种方法既适应了蜂群生物学的要求，冬暖夏凉，蜂群发展迅速，不易生病，又能与木制蜂箱比美。现在我地不少原生态饲养户也在使用。预计会有更多户来使用养殖，这种方法不错，值得推广、提倡。

中蜂蜂量的正确说法

我常见不少蜂刊、蜂书介绍中蜂蜂量时，用框来说明蜂量多少。我认为这是不正确的。蜂量多少应该用以下名词说明。

（1）称重。中蜂量的多少最好称重来说明，如是几千克、克等，称重方法很简单，连蜂带箱称重，然后速将蜂抖入另一空箱内，速称原箱，速还原。然后连蜂带箱重量减去原箱重量，不就是蜂重量吗?

（2）箱型。众所周知，全国中蜂箱式有许多种，其大小不同，主要有：西标箱、中一式、中笼式、从化式、沅陵式、景戎式、高窄式、GN 式等。最大的沅陵式为 891 平方厘米，最小的 GN 式只有 385. 7 平方厘米，前者是后者的 2 倍多，若用框表示蜂量，前者 1 框蜂量比后者 2 框蜂量还多。若用框数表示蜂量显然是行不通的。

如《蜜蜂杂志》2010 年第 1 期第 26 页上的“谈中华蜜蜂饲养‘四律一法’”中的二四律（温饱律）4 框蜂为发展基准群势，作者用的到底是什么蜂箱，若用 GN 式蜂箱，在北方用的是沅陵式显然是不够的。作者有沅陵式四框蜂，那么在北方使用的是 GN 式更显得太少了。若照此管理肯定要出偏差。所以，各地蜂友在叙述蜂量时要说明蜂重量或用什么式箱，一定要用词恰当、准确。

中蜂小群春繁好

豫西南山区中蜂春繁在正常年景下是从农历大寒节开始的。晴天山区有少量山花开放，可供蜜蜂采食。但温度变化无常，耗蜜多，因此每群要有一定的储蜜，决不能使蜂冻饿而死。这时应把蜂群放到全天有日照的地方，要内包装，保温，采用多个小群同箱饲管，保证饲料供应，要充分利用中蜂王产卵弱的特点。有几个蜂王产卵要比一个 5~6 框强群蜂王产卵数量多得多，且多王同巢产卵能产满整个巢脾，而强群却不能，因此小群同箱饲管方法好。

怎样预防、制止分蜂热

在流蜜期内若出现分蜂热，自然分蜂的话，将大大影响蜜的产量，养蜂效益就大大降低。那么怎样能预防和制止分蜂热呢?

（1）及时割除雄蜂台。当蜂群发展到4~8框蜂时（西标箱、框）都会出现雄蜂脾台，这时要及时去掉这些脾台。这是分蜂的前兆，虽不能消除本群分蜂热情绪，但可延期分蜂。

（2）换新王。有分蜂情绪的老王群，要将老王捉走，另行处理。立刻在老王脾位上放入一新王。新王介绍成功后，它会将巢内一切王台啃咬掉，积极产卵，很快就会消除分蜂热。若把一个分蜂热群内的蜂王介绍到无分蜂热群内，就很快也会引起这群分蜂热来。

（3）假拟分蜂。应用杨多福假拟分蜂方法进行。

（4）自然分蜂群的利用。当蜂已分出，在收蜂时找到蜂王，将蜂王装入王笼内，将蜂收回（按收蜂方法进行），稳定蜂情。速将原群蜂全部抖落箱内，去掉脾上所有王台，将这些脾分放他群，原群适当加进空框架，再将收回的蜂和王一并抖进原箱内并放王，并在巢口安装自制隔王片。这样蜂群就失去了分蜂基础，巢内负担减轻，采蜜量定会大增。

（5）调整巢脾。把有分蜂热群连蜂带王2~3脾另放新箱内，作为一个分蜂群，原群内安放一个成熟王台。经过这样调整，蜜蜂会积极工作，分蜂热则自然消除。

怎样寻找野生蜂群

不少山区或多或少有些野生蜂群，它们大都生活在隐蔽、不易被人发现的洞穴里，但有明显迹象可查得、捕获。其方法是：

到有蜜粉源的山区，有显著的明石墙，上有树木遮光，下有沟水映照，突出绝壁往内坑凹，有缝隙，前无障碍，雨水淋不着，面向东、西、南，周围高，中间低凹的地方，是它们居住的最佳场所，应多到这些地方查找。有些地方因树木阻隔或望远镜看不到，可用下列方法寻找：在远离家养中蜂十里外的山崖上，静得能听出回巢蜂的声音，就可判断蜂在山哪边。蜂在河沟处采水时，捉住一蜂，在腰间系绑 17 厘米长的细线一根，看它直往那个方向飞，若飞行高度在 3.3 米以下，就可追蜂寻到巢穴处，若在 3.3 米以上，说明蜂巢穴在2 500 米以外，就不易寻找。在上述不系细线的情况下，再在 500 米以外的数个采水点看蜂飞回路线，若在同一方向上，上述数点蜂飞回路线延伸交汇处，即是蜂巢穴地点，就容易找到。用蜜脾或蜜来吸引蜂来采，照上述方法进行也可。在某一处蜜粉源植物上采集蜜蜂很多，且有许多蜂的粪便，或午后听到蜂飞的嗡嗡声，这些地方要特别仔细寻找，蜂巢就在此不远处，很容易找到。

寻找野生蜂群不要慌张，要仔细查找，只要按照上述方法进行就不难找到。

中蜂群的箱外观察

我养蜂几十年，现在年纪大了，体力在逐年下降，我视蜂为命，不愿放弃这个爱好，要饲管好蜂群，就只有多作箱外观察，发现问题及时处理，这样可对我的身体和管理做到双利。我是这样做的，介绍给大家，供参考使用。

箱外观察必须以蜂一年四季的生活规律为依据，要根据当地四季的蜜粉源、气候、雨量等条件，和蜂对这些外界环境适应活动来进行观察，才能测知巢内情况。

（1）春季。我地春季蜜粉源一般较好，是增殖群势的最佳时期。一般箱内卵、虫、蛹、封盖子都有。蜂出勤早，收工晚，并且多，一出门就飞，一刻不停，10 个出勤蜂就有 7~9 个回巢带花粉团。回巢蜂采集往往不到巢门口就顺地慢慢爬回巢内。若箱在较高处（如箱挂在房墙上），回巢蜂先落到箱体上，休息片刻，再飞回巢。耳靠箱旁侧听，内有紧张有序的集结声，蜂正在各守其位，积极工作。相反，失王或有病群，出勤少，试飞少，少数外飞蜂散漫，不远飞，时间不长即回巢，惶惶不安，开箱查蜂很乱。若是病群，除有上述情形外，还有飞行打圈坠地，在巢前地面上爬行至挣扎而死，箱内声音低沉或听不到……巢口有污物或有死幼虫等。

（2）夏季。气温高，要由保暖转入保凉，若蜂在箱外结团，是高温或飞逃的象征，要赶快处理，要做好遮阴降温工作。要做好分蜂、跑蜂的预防工作。

（3）秋季。一般三伏在夏末秋初，这时外界炎热，少蜜粉源，蜂出勤不多，即进入所谓的“度夏”期间，蜂不外飞或出勤少，是正常现象。到秋分节前后，要细查一下蜂，主要是看存蜜与蜂王存失情况。若一开箱见蜂抢食不多的储蜜，蜂要飞跑，要补饲蜜，脾呈白色状。若巢内蜂大乱，好蜇人，这是失王的表现；若巢口和地面上有污物和死幼虫是病群的象征；若巢前有大量幼蜂死亡或半死蜂，是蚂蚁危害的现象；双蜂包团而亡是盗蜂象征；若巢外有大量死蜂或半死蜂（多是外勤蜂），是遭胡蜂危害的结果；若巢外死蜂吻伸出，是中毒的表现。我们要根据具体情况灵活处理。

（4）冬季。控飞工作要做好，要中空布巢。初冬蜜粉源稀少，蜂外飞不断，说明巢温高，要降温。蜂到厕所采集，说明缺盐分，饲喂时一般 5 千克糖浆加 100 克盐，就可阻止蜂飞厕所的弊病。

另外，还有些不分季节的表现，如早上或下午许多蜂头朝巢门飞，这是幼蜂试飞的表现，有这种现象蜂越多越好。中午有许多各龄蜂在箱外飞，这是巢温过高的表现，要做好降温工作。若不做这项工作，蜂有飞逃的可能。若清早别群蜂出勤积极，个别群毫无动静，或只有个别蜂在巢门口看看，即回巢，这时蜂飞跑迫在眉睫，只等太阳一出来，即飞逃。大量蜂已外出，但还在蜂箱上空盘旋，情绪急躁，是王未飞出的表现，应立即关闭巢门，在箱覆布上浇凉水降温，待蜂情绪稍安定后，外飞蜂逐渐飞回巢箱上或巢口，可开一个只容一只工蜂飞进的小巢门，让蜂进去，要及时处理好这群蜂。有时无论早上或中午、下午，大量外飞蜂在箱前附近上空飞来飞去，似在寻找什么，没一定方向，不结团，这是失王后在寻找蜂王的表现，要及时介绍王或介绍王台等法处理。

箱外观察只是帮助我们初步测知巢内情况，而不能代替正常的巢内检查。只有熟悉中蜂的饲养管理，有一定的饲养管理技术，才能更好地发挥箱外观察的效益。

诱捕箱应放哪里

在寻找野生蜂群一文中已说明野生蜂群最理想的居住场所，诱捕箱就应该放在这些地方。一周检查一次，发现蜂已进入箱内，夜晚即拿回处理。再在此处放诱捕箱，再收蜂，若蜂巢在土、树、石洞内，我们应按收蜂方法进行。收蜂后要恢复原巢状，不要轻易破坏，以备下次再用。

冬季中蜂老法饲养改活框饲养方法好

老法饲管群改活框饲管能大幅度提高产蜜量，增加养蜂效益。具体做法是：冬季只要外温在15℃以上的夜晚，将老法饲管的蜂群放到适宜人工操作的地方，打开箱盖，把蜂桶直立，上放一个继箱（西标继箱），内装两三个活框蜜巢脾，用木棒轻轻敲击原桶，蜂会慢慢升入继箱内。用红灯照亮（手电头上包红纸或红布），看蜂是否全部上入继箱内，若还有，再继续敲击下边的原桶，直至蜂全部入上为止；蜂会自动护脾。黎明时，将此继箱的巢脾提出放进准备好的巢箱内，放回原桶位上，即告完成改成活框饲管群，按活框饲管方法管理即可。

冬季过箱的好处是：不损坏子脾（早已无子），外界无蜜粉源蜂不会逃亡，利于做到无病早防或有病早治，早造新脾，减少装脾的麻烦等。

两种中蜂王颜色、形态、习性、产卵情况

有关资料显示，实践观察中蜂王较西蜂王体格小，中蜂巢脾每25.4毫米×25.4毫米，有29个工蜂房。中蜂王有两种体色：

（1）枣红色（也叫皮革色）。在产卵盛期腹部大时，原藏在环节间的枣红色纹就会显露出来，因而腹部呈枣红色，称之为枣红色蜂王。它体大，腹部为长柱形，产卵时中段丰满，成枣核形。头和胸都显健壮。它性情温和，行动安详，不怕风，不畏光，提脾检查时照常产卵，不惊恐。行走慢，查脾很勤，巢中巢脾都能到。而产卵率没有黑色王那样稳定，极易增加或减少，甚至停产；对外界环境变化敏感，产卵力强，最高每日可达1 875粒，变化大，不平稳。

（2）黑色。黑色带深褐色光泽。老年蜂王常现铁青色。此蜂王较枣红色蜂王较小，行动矫健。分蜂时和越冬时与工蜂个体大小差不多，头、胸部不太大，腹中细长，就是老蜂王也没很大变化，只是茸毛脱落，略瘦小。它性情好动，绝对不能扣王，若要扣王，它的生理会有重大变化，如不产卵或产雄蜂卵；它不习惯光亮，提脾检查时，常喜向工蜂多的地方躲避。产卵圈在巢脾两侧大小一样，不为外界刺激所影响，产卵圈十分整齐，能配合群势发展，有规律地由内向外按次序产卵，巡查脾面也很勤。它不喜在旧脾上产卵。产卵数在

全年来讲，没有急剧的变化。

两种蜂王都有利有弊，都能抗病，黑色王较枣红色王多，无论用什么王都行。

拯救中华瑰宝

深山老林有几个孩子围着土蜂老母在哭泣，为什么他们已无家可归。

千里平原有他家，财旺人旺全家旺，家家户户都兴旺。只因西蜂来侵略，他们个个奋勇来抵抗，个个战死在沙场，身小力单战不过，十家就有九家亡，蜜源逐年在减少，这才逃难到山腰。气温恶劣无法讲，春天来得迟，冬天来得早。夏秋两季没有一季长，天明晚黑夜早来到，一日只能半天劳。什么花儿都稀少，常饿肚子吃不饱。大小胡蜂常来扰，疾病缠身治不好。女儿漂亮无人要，儿子夭折谁知道。老身年迈快要死，眼看全家灭亡了。

现时人们似睡觉，很少过问土蜂号称中华瑰宝。

四、蜜蜂育种

养蜂重在养王

养蜂重在养王，王好蜂就好，就能获得高效益。怎样才能养好王呢？养好王要从以下几个方面去要求：要适应当地的自然条件；要适应现实的饲养管理条件；经济性能突出；管理容易；增殖力度大；抗逆性强等。要充分依据以上标准来决定怎样来培养好王。

养王的方法有两种：①从自己蜂场来选育，在普遍有病敌害的同场情况下，总有少数群不得病害，即使轻微得了，不用人为治疗能自愈的强群。蜂产品在同等条件下特别突出。要用几年的时间来考证，才能得出正确结论。这样的强群就可作为父、母群对待。②从同本地区地理环境、自然条件差不多的种蜂场引进纯种王作为母本，可与本场作为父群的雄蜂交尾，形成一代杂交，生产丰收王。这两种方法均可。引进的纯种王，只能作为养王用，不能用作生产。要人工复移 24 小时以内的小幼虫或新王产的大卵（移卵难度大于移虫），一次移不出，就要放弃利用。移虫步骤为头天移西蜂小幼虫，第二天复移中蜂小幼虫，放进西蜂育王群中，不能超过 3 天，取出放进中蜂育王群中，这叫营养杂交，来培养中蜂处女王。据我场多次试验，若中蜂育王框一直放进西蜂育王群中，王台封口不会超过 6%，到头来一个中蜂处女王也不会出来，以失败而告终。若复移西蜂，小幼虫放进中蜂育王群，基本不会有一个王台能封口。其原因是中、西蜂王浆成分有所不同，所以最多只能进行 3 天的营养杂交。育王框每次育王不得超过 30 个，要每晚用 1∶1的糖蜜水 0. 25 千克进行奖饲，直到全部封口，不能间断。平时没有必要的话不要过多地查看育王框，育王框要放到继箱巢中心靠小幼虫的脾之间。这样有利于保温保湿，饲喂幼虫蜂较多，只有这样育王幼虫才能健康成长。

培养处女王容易，而培养专用雄蜂就比较困难，要选好专用父群。父群的选择要从后代工蜂各项指标突出的来决定。一旦决定为父群，就要及时插入专产雄蜂的巢脾供王产卵用（中蜂没必要插入此雄蜂脾），每晚也要用培养处女王同等的糖蜜水对其进行奖饲，管理要点同培养处女王。这项工作应早于培养处女王前20天进行，等到处女王性成熟，正好专用雄蜂性也成熟，就可顺利交尾。同时一定要把非种用雄蜂杀亡干净。要隔离育种，避免近亲交配，最好两个不同蜂场场距在3千米左右，一个用作培养处女王，一个用作培养专用雄蜂，这样能充分利用处女王能远飞交尾的习性，使处女王与最健康的雄蜂交尾。这是自然环境交尾。中蜂交尾群一定要有西标框2脾以上的蜂量才行（防跑蜂）。若用人工授精来完成，那么育王条件就会大大改善，就容易达到目的。无论育什么处女王，外界一定要有丰富的蜜粉源，早育王比晚育王好些。只有这样才能培养出优质的蜂王。

中蜂王什么形状为好

中蜂王与西蜂王个体大小差不多。西蜂王蚕头细腰尖屁股形为好，而中蜂王也是如此。看一个王好坏，要从它的后代来确定，即衡量后代的工蜂、雄蜂的表现。如工蜂为微黄色，体格较小，这是耐热型王所产的后代；工蜂为灰色，这是中间型王的后代；工蜂为黑色，这是耐寒型王的后代。根据自已的需要来确定培育什么王。当然体大者为好，每昼夜产卵在千粒以上，生产性能一切均好为好王。从颜色上来看，棕色（枣红色）比黑色王好，但产子并不比棕色王差多少，二者基本平衡。

只要效益好的蜂群王即好。优劣蜂王要从多方面长期来考察，不能只看一个侧面，要全面来确定。

怎样区别分蜂王台、交替王台、急造王台

蜂群达到一定强壮的数量，又在丰富的蜜粉源条件下，或在无王特殊情形下，就有可能造出三种王台来，即自然分蜂王台、交替王台和急造王台。它们所造王台位置、形状、数量有所不同，很容易区别。

（1）中蜂。一般每年春末夏初，是中蜂分蜂高潮。活框饲养的使用西标箱框在5脾以上的蜂量，在巢脾的下方或脾角处，有5个以上且王台封口早晚

不一的多个王台，为分蜂王台。凡在5个以下的脾角，差不多同时封口的少量王台，为交替王台。王台位置无一定规律，脾下方、边角、中间大小不一，封口时间有早有晚的众多王台，为急造王台。

（2）西蜂。自然分蜂王台与交替王台都在脾下方，前者王台多，后者王台数少。凡是老王的，以交替王台为主。无论什么位置，大小不一，封口时间不同的众多王台为急造王台。

这三种王台以交替王台为好，自然分蜂王台次之，急造王台质量最差。养蜂人可根据具体情况分别对待、进行处理。

工蜂产卵群也会造出王台来

我养蜂几十年，不止一次地发现，无论中、西蜂，尤为中蜂，在无王工蜂产卵的情况下，居然发现工蜂造出了王台来，挽救了此群种族的消亡。

由于笔者没有及时查看处女王交尾情况，半月过后才发现交尾失败，工蜂已产卵。又没有及时处理，又过了10天，居然发现有一两个封口王台，不久就出了一个处女王。众所周知，工蜂产的卵只能育出小雄蜂。出现这种现象，我想有两种可能性：是否是在众多的工蜂产卵中，有个别少数卵或小幼虫在工蜂特殊哺育下，育出了处女王。再者是工蜂处于灭绝情形下，为其自身延续，到正常群中偷来卵或小幼虫，借鸡下蛋，育出处女王。这种现象虽为偶然，但总是有这种现象的存在。所以，发现工蜂产卵群要及时处理，不要听之任之。

预防儒形处女王的方法

有时培育出的处女王个体特别小，无使用价值（尤其西蜂种多见），是花期不丰富、育台多、营养差、温湿度不适等管理不到位所造成的。

培育处女王时外界一定要有丰富的蜜粉源。如油菜、荆条、芝麻等花期的流蜜盛期进行，育王群一次育王台数不超过30个，有必要每晚用1∶1的糖蜜水0.25千克进行奖饲，直到王台封口。育王框架放在继箱巢脾有幼虫、粉的巢中间。要复移24小时以内的小幼虫，一次移不出的小幼虫就要放弃使用。如果能用新王，母群中的大卵为更好。平时多箱外观察，若没什么事尽量少开箱检查，要保持巢内正常温湿度。千万不要振动育王蜂箱，若发现育王框上有很长的封口台，这是台内幼虫脱落下来的结果，这类台坚决不保留。一旦发现有特小处女王，要及时淘汰，绝不姑息放纵。

只要做好以上工作，就可大大减少或没有儒形处女王的发生。

充分利用处女王远飞交配的习性

20世纪60年代初，我开始饲养西蜂，那时方圆5千米内再没有其他养蜂户了。每年我都有意识地培育几批优良种用雄蜂，但每年处女王交配成功率总在50%以下，尤其是春、秋两季，成功率更低。还有一少部分新王产雄蜂卵，这显然是雄蜂不足所引起的。我百思不得其解，为什么有大量雄蜂，又无大风，蜜源特别好，气候又适宜，可就是成功率低，这难道还是雄蜂太少吗?

1963年春末，我特意培育出近千只种用雄蜂，以备使用。4月下旬一天下午2时左右，我正拿着从朋友家借来的望远镜，在蜜蜂场500米远的南山坡寻找金柴，忽然看见约250米高的空中，有几百只雄蜂在打旋乱飞，直径约有250米。一连几天都是在同地同时出现，我暗暗在想：这回雄蜂可够用了。谁知，我培育的50多个处女王，5月8日（当时正值刺槐开花流蜜）检查新王交尾情况，成功数不足一半。可是在我5000米外有一姓王的养蜂户，他准备换王，也组织了几十个处女王交尾群，当时他那里几乎没有一个雄蜂，但他的处女王成功率却在90%以上。我再三思索：我场虽有大量雄蜂，但处女王却不能很好交配，他场没有雄蜂，可是能很好地交配。我怀疑处女王飞得远，而雄蜂飞得近，聚飞区也近，而不能很好地利用，导致处女王交配成功率低。

为了验证这一想法的正确程度，1965年春，我劝王姓蜂友特培育了大批种用雄蜂，我尽杀本场雄蜂。4月28日我俩各培育出近60只处女王进行试验。当时正值刺槐花大流蜜，天气好，又无风，正是处女王交配的大好时机。5月10日统计两场新王开产情况，我场成功率达94%，王姓蜂友只有46%。从而初步验证上述想法是正确的，处女王有远飞交配的习性。

1966年秋，我又将本场雄蜂全部杀死，我知道距我场6千米远的农场有大量的雄蜂，正值柳盂头开花流蜜盛期的9月5日，我场又组织49个处女王群进行再次试验，9月18日检查新王情况，有47个新王开产，损失2个，成功率为96%。而在此同时，农场也组织71个处女王群，预备换王，后听王饲养员讲，他场新王成功不及一半。

1967年3月下旬，我场周围15千米以内的几个大小蜂场都去外地采油菜花蜜，只剩下我一个蜂场。我特意培育出几百只雄蜂，4 月 1 日将此雄蜂群送往 6 千米外的亲戚家中备用。4 月 6 日组织了 31 个处女王群再进行试验（我地油菜正开花流蜜）。4 月 16 日检查新王产卵情况，27 个开产，损失 4 个，成功率 87%。

通过几年的试验和多年观察，发现处女王有远飞交配的习性。我将此现象与许多蜂友谈过，他们也有同感。在生产实际中处女王的这种习性，是有益无害的，她既利用了健康的雄蜂，又避免了近亲交配，对繁衍生息大有好处。

从 20 世纪 70 年代开始，我和附近 5 千米外的其他蜂场蜂友们通力合作，每年都有计划地培育出几批种用雄蜂，以供他场使用，从没发生过本场处女王利用不好而不培育雄蜂的现象。蜂友们，如果你的蜂场 10 千米内没有其他蜂场的话，就可将事先培育出的种用雄蜂群运到 5 千米以外的地方，供本场处女王交配使用。

只要认真做好以上两点，就能充分利用处女王远飞交配的优良习性，提高处女王交配的成功率。

避免蜂种退化的一个重要举措

近年来我地西蜂种严重退化，不像 20 世纪 70~80 年代那样，群势能维持在 18 框蜂以上（单王蜂，下同），也不发生分蜂热。可现在群势能维持在 14 框蜂左右，就很不错了。工蜂体质差，寿命短，经济效益极低。引起蜂种退化的原因诸多，其中一个重要原因是不注意种用雄蜂的培育，雄蜂质量太差。

20 世纪 80 年代后期，豫西南地区也曾先后引进过纯种浆王，用送卵移虫法，虽很快普及到全县，但由于浆价暴跌，产浆量不像广告所说的那样高，因而普及工作很快就夭折了。20 世纪 90 年代初，随着蜜价上扬，豫西南地区又引进黑色系统的两种喀蜂纯种王，也由于产蜜量低而被淘汰。接着又引进原意、美意、奥意等纯种王，又在全县推广，但因其优越性并不突出而终止。近年来又引进黄山、金喀等纯种王，以达蜜浆双丰收，谁知并不理想，也没普及开。

为什么各种优质纯种王，引进豫西南地区后并不优质呢？众所周知，培育优质处女王须与优质的种用雄蜂交配，其后代才能显示出其优越性。但一般蜂友对雄蜂的重要性认识不足。本来一只雄蜂的食蜜量是一只工蜂的 4~5 倍，唯一的任务是与处女王交配，而不会做其他工作，在群内是消费者，这给养蜂者经济上造成一定的负担。处女王有远飞交配的习性，本场的雄蜂不一定被本场的处女王所利用。且培育雄蜂周期长，浪费时间。近几年来又是白垩病发病的高峰期，而雄蜂幼虫能增加白垩病的传播途径。所以，不少蜂友不愿培育，更不愿保留它，在其未出世前就被割掉、扼杀，或将雄蜂活活捏死。当前蜂的病敌害日趋严重，大大影响了群势的发展。少数蜂友勉强地总是以一个不太强的群势来培育雄蜂，根本谈不上培育出大批优质种用雄蜂。即使有少数雄蜂，也是弱质雄蜂；不少蜂友说得好，培育处女王容易，而培育雄蜂特别难。若用这种弱质雄蜂作种用与优质处女王交配，其后代优越性理所当然地不会太明显，蜂种不退化那才是怪事。为了达到优质处女王与优质雄蜂交配的目的，必须注意对优质雄蜂的培育。为达这一目的，蜂友们都要有无私奉献的精神，不要认为本场处女王不一定利用本场的雄蜂，而有放松或干脆不培育优质种用雄蜂的思想，而应从早春整巢时就要特别注意。

作为培育雄蜂的种用群，必须是经长期考察，经济效益高，温顺，少疾病，能维持 14 框蜂以上的又很少发生分蜂情绪的老王群。总之一句话：一切条件优越、目标都高的强群，才能作为父群。加强管理，彻底预防病敌害，一定要在粉、水、蜜充足的条件下，待第一批子将出来时，就在巢中间加入事先准备好的优质雄蜂脾 1~2 个。若没有，可将优质巢脾的中间脾面用刀割掉（注意：四边留 3.3 厘米宽原脾，不要割坏），装拼上事先准备好的上年雄蜂赘脾 1~2 个，供王产卵，开始培育优质种用雄蜂，此后妥善保存。20 天后即可着手移卵，移虫，开始培育第一批优质处女王。待各交尾群中的处女王性成熟的前几天，可将种用雄蜂群搬离原场 5 千米以外的新址，并做好 10 千米以内的各蜂场的通力合作——尽杀非种用雄种，以便充分利用优质处女王远飞交配的习性。照此办法，一年可有计划地培育几批优质王。

只有这样，才能达到优质处女王与优质的种用雄蜂交配的目的，才能有效地避免蜂种的退化。

意蜂复式移虫育王指导见表 18A。

表 18A　意蜂复式移虫育王指导表（工作日历）

日期	发育天数及发育阶段		工作顺序	工作内容	举例数量
3 月 10 日~3 月 15 日			移虫前 20 ~ 25 天	在父群中加入雄蜂脾育雄蜂	5~10 群
4 月 5 日		卵	复移前 4 天	给母群提供空脾造卵	1~2 群 1~2 空脾

续表

日期	发育天数及发育阶段		工作顺序	工作内容	举例数量
4月6日	1	卵	复移前3天		
4月7日	2	卵	复移前2天	组织好育王群	3群
4月8日	3	孵化	复移前1天	第一次移虫（非母群）	90个幼虫
4月9日	4	1龄幼虫　第一次蜕皮	复式移虫日	复式移虫，换成母群小幼虫	90个幼虫
4月10日	5	2龄幼虫　第二次蜕皮	复移后1天	检查幼虫接受的情况	例：80 台被接受
4月11日	6	3龄幼虫　第三次蜕皮			
4月12日	7	4龄幼虫　第四次蜕皮			
4月13日	10	预蛹　第五次蜕皮	复移后6天	检查封盖，选留较好的王台	例：65个
4月16日	13	蛹	复移后9天	组织交尾群	
4月19日	14	蛹　第六次蜕皮	复移后10天	组织交尾群	64个
4月20日	15	成虫　羽化	复移后11天	分配王台	64个
4月21日	16	出房	复移后12天		
4月22日	17		复移后13天	检查出房，剔除发育不良王	例：60个
5月2日	27		出房后10天	检查蜂王交尾产卵情况	例：50个

五、蜂病敌害的防治

推荐国外几种治螨方法

1. 用胡桃叶喷烟治螨

美国 D. R. 艾伯海姆研究报道，测试胡桃叶喷烟与脱粉器结合的治螨效果，进行了脱粉器加胡桃叶喷烟、脱粉器加报纸喷烟、仅胡桃叶喷烟和仅报纸喷烟的对比试验。仅胡桃叶喷烟效果较差，捕杀蜂螨只能达到21%，当它与脱粉器结合时，与对照组相比，杀螨率提高66.1%。当用胡桃叶喷烟时，蜜蜂受到刺激，马上冲出蜂箱，蜂螨被脱粉器刮落，不能回到蜜蜂身上；如果不用脱粉器，仅用胡桃叶喷烟时，蜂螨即使掉落，也能回到蜜蜂身上；而用报纸熏烟，蜜蜂不冲出蜂箱。

2. 甲酸（蚁酸）治螨

甲酸在常温下即可挥发，呈液态。应用时，既可将甲酸洒在蜂箱底板上，也可倒入盅中，放在箱底或巢脾框梁上，一般放在框梁上，用60%的甲酸，若放在箱底，用 80% 的甲酸，平箱用量 20 ~ 30 毫升，继箱则 40 ~ 50 毫升，5 ~ 6 小时挥发完。一般在流蜜期后每隔 2 ~ 3 天一次，2 ~ 3 次即可，杀螨率达95%。应用时一定要戴手套并且保护好眼睛。甲酸不会造成蜂产品污染。

3. 乳酸治螨

乳酸为结晶固体或水溶液，治螨时，一般配成 5%左右的乳酸水溶液，每脾单面喷 5 ~ 8 毫升，夏秋均可用药，但外界温度必须在5℃以上，有子期治螨率达 20% ~ 40%，无子期治螨率达 80%，在欧洲一些国家已经应用。

4. 草酸治螨

应用草酸治螨时，有三种施药方法，包括点滴、蒸发和喷雾。

（1）点滴法。将草酸溶于50%~60%的糖浆中，直接滴到蜂路之间的蜜蜂身上。草酸的浓度为3.5%，杀螨效果达到56%~98%。以草酸组方的“苯纳维尔”（3.5%草酸、柠檬酸、香精油和蜂胶等）在夏季使用（每箱20毫升）可达到较好杀螨效果（96%），但会引起蜂群损失；而另一种类似“苯纳维尔”的混合药物，杀螨效果也比较好，达93.9%，并且对蜜蜂没有伤害。

（2）蒸发法。用杀螨蒸发器（由晶体、蒸发板、容器组成），这是一个电蒸发装置，巢门插入蜂箱内，产生草酸蒸发雾，根据群势，用药0.5~5.0克；蜂箱较大时，一般2.0克以上，秋季用药达82.8%~99.2%的杀螨效果。

（3）喷雾法。用3.0%的草酸水溶液，每脾面喷2.5~4.0毫升，秋季使用，杀螨效果可达95%以上，但应用时，外界温度应至少为8℃以上。

5. 食用矿物油治螨

食用矿物油是美国的专利产品。用棉线汲取乳油，放入蜂箱中治螨，具体方法是矿物油、蜂蜡0.5千克，棉线条（长40厘米，直径8毫米）90根。先将矿物油倒入铁锅中煮开，加入蜂蜡融化后，将棉线加入搅拌，让棉线充分吸收，放凉后，即可放入蜂箱用于治螨，一般单箱体放2条，双箱体放3条，每周换一次。在美国弗尼吉亚州等地试验应用比较多，既可杀害蜂螨，也可防治蜂房小甲虫。

也可以用食用矿物油喷雾治螨，将油装入喷雾器，直接在巢门口喷雾5秒，每周一次。

6. 饲喂油饼治螨

油饼配方为：

（1）1.8千克白糖、0.68千克食用油、0.22千克蜂蜜、0.072千克食盐、45毫升冬绿油，制成饼状可喂蜂8~10群，一般将油饼团成高尔夫球大小，每个蜂群5个，半个月1次，而冬季则应放在蜂团上方，1个月1次，根据群势适当减少。

（2）0.907千克白糖、0.435千克食用油、21毫升茶树油或广藿香油（或两者各半）、21毫升冬绿油，制成饼状以后，可供饲喂蜂群5~8个，用法与前者类似。上述配方中的挥发油还可更换为留兰香油、薄荷油，剂量相同。

7. 麝香草油和桉树油混合治螨

用天然植物提取麝香草油和桉树油，将其混合后用于防治蜂螨，不仅能杀螨，而且还能消灭细菌和真菌。

晚秋取蜜结束后，把吸收植物油的砖块放在蜂群内几个星期，混合油可以杀死98%的大蜂螨。

8. 楝树油治螨

用楝树油喷雾杀螨，其效果可达90%±6%。进行的对比试验中，杀螨效果高于百里酚。可以用纯楝树油喷雾杀螨，也可以用含量为75%或50%的楝树油治螨，效果都不错，但易造成蜂王丢失，对幼虫也有影响，所以应用时必须注意，要克服其缺点，有待进一步研究。

9. 葡萄香精油治螨

从不同种葡萄叶中可以分离出含有不同成分的葡萄油，经分离后主要成分有柠檬醛（香料）、香茅醛、柠烯和里哪油等，分别使用，均有效果，但柠檬醛效果最佳，治螨率可达73%。

本人只用市售甲酸治螨做过试验，以失败而告终，其他治螨方法没试验过。若要使用，请小面积做试验，若成功了再大面积应用，以避免损失，要慎用。

不要轻易使用市售甲酸来防治大蜂螨

用市场上销售的甲酸来防治大蜂螨病能否达到简单、快捷、又省钱且高效的目的不得而知。为探讨这一问题，我特意做了以下试验：

1. 得到启示

看到某一药厂生产的“绝螨六号”在众多防治蜂螨虫药物中是佼佼者。在它的品牌上明文标示：有甲酸熏蒸型的字样。由此我联想如果用适量的甲酸（市场上化工门市有销售，我们这里每瓶500克20元）直接将药液喷洒到箱内的卫生纸上看看效果会如何呢？对蜜蜂会不会有什么影响？于是我就着手做此试验的准备工作。

2. 购买甲酸

2008 年 1 月 25 日的上午我在本地市场上的一化工门市购得一瓶甲酸就开始我的试验。为了慎重起见我首先在小胡蜂、大胡蜂、雄蜂、工蜂的身上做小面积的试验。

3. 开始做试验

（1）小胡蜂。自 2008 年 4 月 15 日~4 月 20 日，我先后几次用特制的面网捉到几个活的小胡蜂，用注射器在它们的身上注入少量的甲酸后将其放飞，观察它们在附近的树上稍作停留后就飞走，未见其死亡，至于以后是否死亡不得而知。

（2）大胡蜂（也称地雷子）。2008 年 5 月下旬用上述方法先后捉了几只。我用同样的方法在其身上注入的是小胡蜂 2 倍的药量也未见死亡，飞走后的情况如何也不知（众所周知，它的毒性最大，往往在很短时间内能消灭一群蜂）。

（3）雄蜂。2008 年 6 月 29 日下午趁工蜂认巢飞行时捉到几只带螨虫的雄蜂在其身上注入甲酸。在其身上注入的药量是小胡蜂的 0. 5 倍，将雄蜂放进一个大瓶内观察，不久蜂螨即落下，24 小时后蜂也未死，然后放飞再进一步地观察，以后是否死亡不知。

（4）工蜂。2008 年 7 月 2 日下午趁着新工蜂出巢试飞，赶紧捉了 20 余只带蜂螨的幼蜂做进一步的试验，将此幼蜂装入一个特制的小盒内，在 1/4 的卫生纸上注入 1 毫升甲酸溶液，然后把带药的卫生纸放进特制小盒内，24 小时后逐蜂观察，蜂螨全部落下但没有一个死亡的蜂。我没有在这些工蜂身上做标记，以后多长时间死亡不知道。

（5）大面积试验。2008 年 7 月 6 日将 9 个群，每群 5 框蜂分组，进行大面积的试验，每组 3 个箱体，先后在继箱隔王板上面放一张卫生纸，分别注入 1 毫升、2 毫升、3 毫升不同量的甲酸溶液。甲酸有很大的刺鼻异味，我还流了眼泪。甲酸一注入，蜜蜂都纷纷逃避，为了做好试验我也不管蜜蜂的死活，盖好箱盖等着观察。第二天的下午开始检查发现蜂群蜂螨虫落在箱底，同时用放大镜观察没有发现蜂身上有螨虫的存在，也未发现蜜蜂的死亡现象。又过了半个多月蜜蜂开始有不同程度的减少，蜂王也开始停产，施用药剂量多的蜜蜂损耗严重。一个半月后，我又注入 1 毫升药剂量试验组，只剩 5 脾蜂已断子，其余 6 箱的那两组蜂全部死亡。一个半月后所有被做试验的蜂群也全部死亡，损失巨大。

我想甲酸能除螨是100%有效的药物，最重要的原因是药剂量的多少，为什么使用药剂量少的蜂群能存活时间长，这说明还是没有掌握好药的剂量。如果剂量适中的话就肯定能达到本文章之目的。所以希望有共同爱好的蜂友们也要做进一步的试验，得出一个准确的药剂量的数字后才能大胆地使用，这样也是对蜜蜂事业发展做出的巨大贡献。

怎样预防西蜂盗中蜂

蜜粉源缺乏时最易发生西蜂盗中蜂，结果中蜂王死、群亡、蜜空，给中蜂饲养户造成巨大的经济损失，那么怎样来预防呢?

1. 从西蜂说起

（1）西蜂不要随便占领中蜂场地。蜜粉源丰富时，外地西蜂群大量进驻，侵占中蜂领地，花尾期还迟迟不离开。有些素质较低的饲养人，往往与当地中蜂养殖户闹矛盾，不是西蜂盗中蜂，造成巨大损失；就是多数中蜂饲养人去投毒西蜂，报复，造成蜜蜂案件，两败俱伤。所以，奉劝西蜂场不要随便来抢食，花尾期赶快移场，到其他地方赶花期。

（2）建立中蜂保护区。现在中蜂濒临灭绝的境地，政府要保护中蜂这个中华瑰宝，应建立中蜂保护区，不准西蜂进入。

（3）要饲养盗性弱的优良王群。有些西蜂盗性较强（如浆蜂），要逐步换掉这些蜂种。

（4）常年保持王新、蜜足、群强。

（5）远离中蜂场地，至少山区 12.5 千米，平原 15 千米。

2. 从中蜂说起

（1）要饲养护巢能力强的优良王群，往往暗红色蜂王护巢能力较强。

（2）常年保持王新、蜜足、群强、无病害，要使用当年新王，脾角有储蜜，巢脾呈白色状，4 脾以上群势，不足者，要两王同箱饲养，即双王群。

（3）交尾群要保持 2 脾以上群势，既可防盗，又可防逃。

（4）严禁无王群、病群，这种蜂群已放弃护脾行为，最易遭盗 。

（5）远离西蜂场地，中蜂场地必须远离西蜂场地，山区 12.5 千米，平原

15 千米。

（6）蜂箱的摆放。若是中、西蜂同场饲养，中蜂箱一定要摆放在西蜂箱后边；因地制宜，箱位不能整齐划一，要错开摆放。

（7）糊严中蜂箱一切空缝处，用洁净泥将蜂箱一切缝隙处糊严，巢口只保留一只蜂进出。

（8）巢口安装中蜂隔王片，既防王飞逃，又可阻挡西蜂进巢。

（9）盗蜂一经发生，立即关闭巢门，并向巢内注入凉水降温，预防蜂因闷热而死亡，临天黑时打开巢门，让盗蜂飞走。当夜将被盗蜂箱挪走，另行处理，最好远离此场，在原箱位上放一空箱止盗。

怎样预防意蜂盗中蜂

在蜜粉源缺乏时，最容易引起意蜂盗中蜂。一旦发生肯定中蜂王死，蜜空或蜂群很快逃亡。给中蜂养殖户造成巨大损失。

近年来，我采取如下简单方法有效地控制了意蜂盗中蜂现象。

具体方法是：用 4 毫米左右厚的铝板（其他材料不行）在其上面用 3.8～3.9 毫米的钻头打出一个圆洞，用手将该铝板从圆洞处向左右推动，形成一个条形空洞。根据需要可打双排洞（两条洞间隔 3 毫米）。将此条洞安装到中蜂箱巢门口，并堵塞该箱的空隙，使箱中所有工蜂从巢门口进出。就可预防意蜂盗中蜂。

其原理是：中蜂工蜂胸高 3 毫米，而意蜂胸高 4.1～4.3 毫米。根据这一生态结构，制出上述工具。意蜂盗中蜂时就不能进入中蜂箱，就有效防止意蜂来盗中蜂了。

食用白碱治疗蜜蜂白垩病效果极佳

近年来，蜜蜂白垩病已有效被扼制住了。但有些地方有反弹现象，或多或少还严重影响着甜蜜事业的发展。

有众多药物能治疗此病，但要花费不少钱财。这里我介绍一种花费最小、效果极佳的治疗方法。

食用白碱 500 克（几角钱），但它却能根治蜜蜂白垩病。其方法是：将食用白碱均匀地撒入蜂箱中两头框槽和蜂箱空间处。没有固定的量，或多或少均可，量大一些疗效快，量小一些疗效慢一点，量多少均对蜜蜂无任何影响，不污染蜂产品，绝无副作用。大约500克白碱可治10个患病继箱群。

豫西南地蜂友均用此法根治了自己蜜蜂的白垩病。

白垩病不可怕

20年前，蜜蜂的白垩病使人感到实在可怕，每年以30千米的速度从疫区向周边地区扩张，当时所有蜂书、蜂刊均没有报道过，蜂农们不知是什么病，对此病束手无策，蜂群损失惨重。至今，白垩病还时有发生，但大多数蜂农已掌握了防治该病的灵丹妙法，现已基本无该病发生了。

据蜂农们介绍和我防病治病的经验教训来看，该病发生原因很多，主要是群势弱、潮气大所致，在这两方面只要注意就可预防。该病属于酸性病症，一旦发生，只要用碱性药物来治疗即可。如价格低廉的大黄、苏打、碱、石灰、滑石粉，甚至草木灰都行，只要是含碱类的药或其他物质，采取喷、撒、喂形式，都会有很好的疗效，所以白垩病并不可怕。

早春不能用陈年稻草保温繁蜂

春繁时，稻草是极好的保温材料。有些地方没有稻草，要从外地购买。为了减少开支，头年用过的稻草保存好，下年再用，一用就是几年。我养蜂几十年，以前我也曾用这种稻草保温。但在生产实践中我发现这种稻草冬季是小蜂螨越冬的理想场所。夏秋虽经多次治大小蜂螨，但小螨依然存在，而且灭螨既费时又花钱，以致蜂群发展极慢。后来不再用陈年稻草作保温物，1年3次治螨即可（早春2月，7月，秋后断子）。蜂友们要注意，稻草只能用1年。

最简单的蜂具消毒法

易被蜂友们忽略的一个养蜂垮场的原因，就是不注意对蜜蜂疾病的预防工作。有的蜂友只知道用药物来预防（这不但对蜂产品有影响，而且费工费时，开支大），而忽略了对蜂具的消毒工作。众所周知，一些病毒、病菌存在于养蜂工具之中，尤其是蜂箱，其危害极严重。

笔者养蜂几十年，很注重蜂具的消毒工作，从没发生过重大的疾病。先是用火烧烤，继而用上好的酒或酒精喷雾点火烧烤，使蜂具呈现焦黄色为止。此法简单省时，但有弊病，即稍不注意，小件蜂具容易损坏，如王笼。后来采用浓盐水来消毒，就是把小件蜂具放进浓盐水中浸泡 10 分钟左右即可，再把剩下的浓盐水用刷子沾抹到蜂具上，如蜂箱、纱盖等。食盐价不高且易得，消毒彻底。此法省工、省事，又不会多花钱，笔者认为是当前蜂具最简单的消毒法，蜂友们不妨一试。

巧治中蜂有卵无虫病

近年来豫西山区有不少中蜂得了一种奇怪的病——有卵无虫病。就是群内光有卵而不孵化，无幼虫，更谈不上有什么蛹了，时间久了，工蜂老且不断死去，后继无蜂，最后眼睁睁地看着蜂群被拖垮。这不是蜂王近亲交配的结果，而是由于气温过高，巢内原有蜂蜜和花粉变质而引起的，所以春、夏、秋均能感染此病。当遇到这种病时要抖蜂，即速将巢内所有变质粉脾拿出，马上把准备好的老意蜂子脾（不带蜂）调入该群即可，不可调幼虫脾，加强饲养即可。意蜂具有代养中蜂子的特性，这样意蜂成为中蜂义子，出勤特别积极，进花粉率也特别高。这样便使用了意蜂脾，以后新出的中蜂工蜂个体大、性格活泼，且又加强了抵抗巢虫的产生，这是一举两得的好办法。

防治中蜂幼蛹病的重要举措

中蜂的幼虫病及死蛹病近年来不断发生，蔓延极快，不少蜂友看着自己心爱的蜂群损失惨重但却毫无办法。我养中蜂几十年，根据自己的经验与教训，探索出其规律，创造出防治该病的方法，收到了较好的效果，现介绍给大家，望蜂友们试试看。

（1）近亲交配所引起的。由于蜂王近亲交配，见卵少见子（死卵），即使有少量的幼虫，也不知不觉在减少（因幼虫死亡被工蜂清理）。这种病死幼虫容易被清理，不传染，但蜂群迅速衰弱。防治措施是只要预防蜂王不近亲交配即可。虽是少数，但蜂友们也不应小看。

（2）巢虫所引起的死蛹病。中蜂清理巢虫能力极差，最容易受危害，轻则迅速衰弱群势，重则全群逃亡。给饲养者造成重大损失。由于巢虫穿孔打洞，危害蜂幼虫成一条线或一整片，刚死的蛹盖高于其他蛹虫的封盖，继而工蜂咬破其封盖，无论幼虫或蛹，开始时工蜂积极清理，但巢虫吐丝结茧，虽不传染，但很难清理。到有一定数量时，幼蜂不能及时出房，若不及时处理，蜂群就要逃亡。尤其是老法饲养的蜂群。该病只能预防，治疗效果不佳。其防治方法是：①经常保持箱内洁净，尤其是有箱缝的地方更应注意。②经常保持脾不外露，永远看不到脾，也就是说经常保持蜂多于脾。早晨起来看不见脾（老法饲养的）。活框饲养的从铁纱盖往下看，看不见上框梁，隔板外大约有半脾以上蜂。③用药棉蘸食用香油往箱底擦，尽量把箱底、壁都擦一遍。因为香油对蜂而言无毒，无任何副作用，而对巢虫来说是毒药，巢虫一接触即死。④把纸搓成手指大小的纸筒，视箱底大小而裁纸筒的长短，放进箱底孔隙处，若有巢虫，它自己可钻进去居住，一周一清理。这种方法尤为老法饲养的中蜂群使用效果更佳。⑤活框饲养的，一旦发现脾上有巢虫，可以抖去所有蜂，将脾取出，在太阳光下轻轻敲击框梁，巢虫怕振动，一旦振动，它会自己钻出掉下来。⑥将被危害的老脾立即割去，彻底清除危害源。用奖饲形式促蜂造新脾，供王产卵。

（3）中囊病。中蜂易得中囊病，幼虫死后呈水灵灵之状，用小镊子夹出幼虫是一泡水。此病传染极快，一旦发现要及时处理。每框蜂用 4 片病毒灵浆用清水化开，取其液，内兑少量糖浆（以喷雾器能喷出为度），夜晚用红灯照亮，用喷脾法治疗（因白天喷脾容易引起蜂群逃亡）。

（4）欧、美腐臭病。欧幼病、美幼病中蜂也易得。病状为封盖前，幼虫死后黏于房底，不易清理；封盖后死亡的封盖下陷穿孔，用小细棒挑出，有鱼腥味臭气，并能拉成短丝。该病用 80 万单位四环素 6~10 片兑入洁净水化开，取其液兑少量糖浆（以喷雾器能喷出为度），将药装入 0.5 千克的喷雾器内，夜晚红灯照亮，喷治，尽量达到每个蜂体上有雾状，隔日喷治 1 次，能治 5 箱蜂（每箱 4 脾），一般 2~3 次即可治愈。老法饲养的治疗次数可多点。夜晚喷治原因同上。

（5）死蛹病。蛹快成幼蜂时，死去（头眼成酱色，腿已形成）初为封盖高出一般封盖，成片，传染性极大，治疗方法是用姜糖水，将生姜捣泥兑水，取其液装入喷雾器内，再兑少量糖浆（以喷雾器能喷出为度），用嘴试之，有姜味为准。夜晚喷治，一般 3~4 次，隔日 1 次，即可治愈。

大胡蜂危害蜂群值得注意

2013年我地从夏到冬几乎没下过透墒雨，一直处于干旱状态，许多花草不开花，蜜粉源欠缺，且大胡蜂（地雷子）特别多，危害蜂群特别严重，所以蜂蜜产量不及往年的1/3，尤其是定地饲养户，越冬群势弱，对来年繁蜂增产极为不利。蜜粉源欠缺减产，这是众所周知的。那么为什么干旱会造成危害呢？从两方面说起。从蜂群本身来说，无论西蜂或中蜂群势与往年同期相比都较弱，所以减产。从大胡蜂来说，干旱时它发展极快，这是因为往年雨水较多，而其窝于地下，有一部分被雨水浸泡而死，蜂窝减少了，蜂也就自然减少了，所以危害不大。而2013年它特别多，几乎一半蜂群被它危害而亡。

实践证明，西蜂遭害较重，中蜂较轻。这是因为中蜂野外飞行较快，不易被大胡蜂捉住杀死，而西蜂飞行较慢，在野外易遭被捉。再者，当大胡蜂到西蜂箱巢口时，它抗敌的办法是蜂御敌门外形式，成批工蜂出巢门护巢，这正是大胡蜂求之不得的事情，它一嘴能咬几个蜂，尽管没死，只要受伤，就跌入地面，不久即死，最后没工蜂涌出，大胡蜂就进巢危害。而中蜂抗敌办法是“关门打狗”。即让大胡蜂进巢，然后工蜂堵死巢门，将大胡蜂包住，形成一个小蜂团，活活把它闷死，围杀而亡。

无论是“御敌门外”或“关门打狗”式抗敌，只要大胡蜂多，蜂群就损失严重。蜂友们要特别注意。

大胡蜂啃咬、杀伤中蜂逃亡蜂团

2013年8月25日下午，我外出回到蜂场，见在场边一个弯腰树枝上有碗大的一个逃亡中蜂团，离地不足1米。

我欣喜地去准备收蜂箱，不到10分钟就有一只大胡蜂（地雷子）光临。它先绕蜂团飞行，不到半分钟即去咬住一只工蜂，往临近树上飞，在一个树枝上停留，大约2分钟往南飞走，不到10分钟飞来6只大胡蜂，它们上来就啃咬工蜂，不久地上落下一片伤残工蜂，约停5分钟蜂嗡嗡作响，乱飞起，重新落到临近树枝上结团。大胡蜂尾随其后，行为如前，不到2分钟蜂又飞逃。这次与前次不同，蜂在原地周围乱飞，不远离，像是在寻找什么，不结团。我到树下一看，原来蜂王在地上滚动，这是大胡蜂啃咬致其伤残的结果，我赶紧将蜂王用王笼装住，挂在离地 1 米高的树枝上，蜂才慢慢下来结团。大胡蜂还不放松，上来还是啃咬，我急忙用木板将其打死才算了事。我将附着蜂团的树枝锯断，直接将蜂团抖入准备好的箱内，并放出蜂王，当夜用 1∶1的糖蜜淡水进行奖饲。

第二天早晨发现，巢前有只死王，经检查就是这群蜂的蜂王。幸好我有现成的成熟王台，安上后才安顿好失王蜂群的情绪。由于群势太弱，几经补充才挽救了此群蜂。大胡蜂真是太猖狂、太厉害了，蜂友们不可低估。

磷化铝防治巢虫效果特别好

不少农友储存粮食怕生虫造成损失，就用从市场上买回的磷化铝（很便宜）来防治，效果极佳。其用法是：用小布袋包住磷化铝成小袋状（核桃大），将其分别埋入粮食中（两三个）即可防治生虫。

秋末我将保存下来的西蜂巢脾集中放入一个巢箱中，内放三五个装有磷化铝的小布袋，在其上面垒放装满巢脾的继箱，2 米高，在最上层用覆布盖严，用塑料薄膜筒套住直到地面，再用土将薄膜筒周围压实（防跑气味），一直到翌年春繁用脾时为止。视脾多少决定薄膜筒数量。

这种做法与硫黄燃烧防治巢虫相比，既简单又省事、省钱，其效果特别好，望广大蜂友使用。

几种蜂病的发生与防治

只要蜜粉源丰富，一般人就能养好蜂，即使不懂技术或技术较差，也有较好的经济效益。但是一旦蜂有疾病，他们就会束手无策，遭受重大的损失。所以蜂病在于预防，若得了什么疾病，不要紧张，要抓紧时间治疗，把损失降到最低程度。通过几十年的养蜂实践，我对各种蜂病的防治有一定经验，下面谈谈自己的做法，供蜂友们参考治疗。

（1）蜂螨。养蜂不治螨，等于胡养。大小蜂螨对蜂危害极大，要做到一年三治螨：一是早春 3 月，二是夏季 7~8 月，三是秋后断子。

春季开繁时，要用螨扑，并且在风和日丽、气温较高时的前半天进行，因有些体质较差的工蜂忍受不了药气，会飞出巢外，又因气温低会使蜂冻僵死于巢外；后半天时正值气温较高，它们会慢慢再飞回巢内。千万不要使用水剂，因水剂会破坏巢内正常的温度；也不要用陈年的稻草作为春繁保温物，这样能减少小螨的传播。生产时间要勤割雄蜂封盖蛹，或有意识地某时多放些有雄蜂的巢脾，让蜂群多哺育些雄蜂蛹，然后将封盖割除，并用木棍轻打巢脾，让蛹跳出（因大螨喜欢在雄蜂幼蛹内生活），这样也可减少大蜂螨的数量。

（2）白垩病。该病西蜂易得，传播极快，主要是早春奖饲时糖浆水分过大（稀），蜂量少，破坏了巢内正常温湿度而发该病。这种病现今已不是什么大病，在早春奖饲时，5 千克蜜糖水兑 10 片大黄苏打饲喂即可预防，使储蜜呈现红色为度。一旦发病，用食用白碱撒于巢内框梁底板、框槽等处，没有标准用量，撒多时，治病快一些；量小一些，病愈慢一点。量的多少，对蜂无任何影响。

（3）爬蜂病。该病西蜂易得，引起爬蜂原因很多，主要是早春气温忽高忽低，尤其使蜂群由较高气温地点迁移到较低气温地点，早春使用水剂治螨，使巢温突发变低等原因引起，一旦发病，用 FM 原露喷治（用药量为用该瓶盖一盖药水兑 250 克清洁水喷治，务必使蜂体上呈雾状，或 3 脾蜂 500 克糖浆加 500 克酮康唑药饲喂即可）。

四种治疗中蜂烂子病方法的效果比较

90%的中蜂覆灭于烂子病（含美、欧幼虫病），尤其严重的是中囊病。中蜂蜂友谈及此病，往往都是“谈虎变色”，束手无策。

2010 年、2011 年、2012 年三年的春末夏初与晚秋初冬季节时，在西峡县五里桥镇吴家沟，王姓蜂友与李姓蜂友两家共有 20 群中蜂，先后有 14 群 47 脾蜂染上烂子病，他们眼看要垮场，在这种情况下他们找到了我。在我帮他们对蜂场、蜂具进行严格消毒并及时换王的情况下，我先后用四种方法进行治疗，收到了不同的效果，病情得到了一定的控制；有的疗效极佳，根除了顽病，蜂群很快康复并获得了大丰收。现将治疗方法介绍如下：

1. 用洁净凉水喷虫治疗

用 3 群 8 脾蜂参加试验（1 群 2 脾蜂、2 群各 3 脾蜂），用洁净凉水喷治。从 2010 年 4 月 1 日起，在外温稳定于 20℃时进行逐脾喷治，以蜂房内幼虫有雾状为度，每日1次，4次为1个疗程，隔2日，进行第2个疗程。在进行第3个疗程时，第2群病情有所好转，其余两群逃亡。第3个疗程结束时，病情基本得以控制，群势剩下不到1脾蜂，已无饲养价值，需采取其他补救办法。

2. 西药治疗

2010年秋末冬初4群共14脾蜂参加试验。

用罗红霉素10片兑清水化开、去渣，天近黑时用1∶1糖水用饲养器每次一满盒饲喂，隔日1次，3次为1个疗程，每个疗程约9元，共3个疗程。2群逃亡，剩余病情被控制，但不彻底，蜂缩为每群不足1.5脾蜂。

3. 中草药治疗

（1）2011年春末夏初2群8脾蜂参加试验。半枝莲30克、虎仗15克、甘草6克、贯众30克、金银花30克、蒲公英10克、野菊花20克，文火煎熬，每次将药水倒出，再用洁净水煎，倒出药水，再注入洁净水再煎，共3次。药水混合，按1∶1的比例注入蜜糖水中，饲喂3次，每一次用法用量同上，隔一日后再施药，3次为1个疗程，每个疗程药费需8.7元左右，结果病情得以控制，蜂缩为5脾蜂。

（2）2011年秋末冬初2群6脾蜂参加试验。用山豆根16克、防风10克、虎仗10克、粟壳10克、芥穗15克、虫皮8克、甘草10克，煎熬去药渣，用法同（1），结果病情基本痊愈，蜂缩为2脾蜂。每个疗程药费为6.7元左右。

4. 气味治疗

2012年春末夏初，用3群11脾蜂参加试验。

将小药瓶盖，用小锥子，钻上若干个孔眼，以蜂进不去为限度，再将20毫升烂子净药液倒入该瓶内，拧紧瓶盖，用细铁丝系住，放进巢内隔板外，结果患烂子病的蜂痊愈，蜂缩为10脾蜂。药液每克0.3元，共20克（6元）。

从以上来看，凡清热解毒之药对该病都有一定疗效，但效果不同。西药与中草药疗法必须在傍晚放药蜜，但次日黎明将用不完的药蜜液取出，另行保管，次日再用。有时蜂拒食，属正常现象，若不食可将药蜜液直接倒入空巢脾内，强迫其食之。无论用哪种方法治疗都有一定的损失，从效果上来看，第一、二、三种方法均不彻底，有复发可能，且费工、费时、价高，稍有不慎，蜂有逃亡现象（为预防逃亡，可在巢门口安装隔王片）。气味治疗方法简单省事，虽有一定的药费，但只此一次，病愈后，可将药瓶取出，用不带孔的瓶盖（防跑气味）拧紧，以备下次再用。只要有气味存在，就可连续使用。其他药必须用几个疗程，算起来药费更高，气味治疗一次即可，药效至少1年，有病治病，无病时用10克防病。我认为气味治疗为当前最好的疗法。

湿度不足是形成蜜蜂卷翅病的根本原因

几乎所有有关蜂的书刊都介绍蜜蜂卷翅病的形成是由于气温过高，子多蜂少，护不住脾，哺育不正常和蜜粉源不足，缺乏营养等造成的。这种说法，通过笔者3年来的试验，证明不完全正确，蜂卷翅病最主要是相对湿度不足，达不到发育最低需要而造成的。

1994年在芝麻花初期，时温常在30～38℃，我在自己蜂场内将12个继箱强群（群均14脾蜂）分为3组，每组4箱，巢内情况基本相同，同放在一个大院内。甲组蜂箱放在面南砖平房房檐下的水泥地面上。乙组箱放在面南土木结构房檐下的水泥地面上。丙组箱放在院内面南土质地面上。各组箱均支一平砖高，箱盖上都用同量干草遮阴，巢门大小一样，每晚往3组蜂箱底部地面上浇同量的水，按常规法饲管蜂群，进行试验。

8月12日，甲组群开始出现卷翅病，并且越来越严重，病蜂达50%左右。乙组群15日开始有卷翅病发生，占20%左右。而丙组群一切正常。23日，我将甲、乙两组蜂箱移放到面南土质地面上，除照常往三组蜂箱底部地面每晚浇水外，又把纱盖上的麻袋片（覆布）沾湿，甲乙两组卷翅病得以控制，第三天病愈。29日我又将甲、乙两组蜂箱恢复到原位上，第二天病情又复发，过3天又再将甲、乙两组蜂箱移到土质地面上，病情很快自愈。1995年、1996年两年在芝麻花期时，再重复做试验，其结果都一样。

通过3年的试验，得出甲、乙两组蜂箱放在水泥地面上，虽然每晚也浇水，因温度很高，水分蒸发很快，尤其是甲组，相对湿度严重不足，虽然群势很壮，但大部分离脾，到箱空隙处乘凉。众所周知，蜂翅是蜂出房前两日才形成的，由于湿度不足，发育不良而造成卷翅；同是一个营养，放置蜂箱地面位置不同，而发病也不同，这绝不是营养不良的问题。故请蜂友们在芝麻花期时，千万不能将蜂箱放在砖平房或土墙房檐下水泥地面上，应将蜂箱放到土质地面上。若天旱，每晚必须往蜂箱底部地面上浇水，并沾湿麻袋片增加湿度，就可有效地预防蜜蜂卷翅病的发生。

预防大胡蜂危害蜂群有新招

山区的大胡蜂特别多，危害蜂群特别严重，尤其是秋末更是猖狂，往往一只大胡蜂不到 2 小时，任你再强的蜂群也能被咬伤或死光。每年受其危害的蜂群至少也在 20% 以上，无特效药物和办法来根治。若无专人整日看管蜂群，很难避免其危害，由此垮场也是常事，给山区养蜂带来很大威胁。

大胡蜂危害蜂群，经我长期观察发现有一个规律：首先它嗡嗡飞到蜂巢门口，巢内工蜂一听到这一特殊的响声，纷纷外出抵抗，这正是大胡蜂求之不得的事。其站在巢门口，一口就能咬伤几只蜜蜂。凡被它咬伤的工蜂，即掉到巢前地面上，做垂死挣扎，直到巢内无蜂外出抵抗时，它才进巢咬伤、咬死其余工蜂，直到无蜂可咬时，才上脾吃蜜、吃蜂幼虫。

我根据这一规律，用大眼铁纱（网眼大小以蜜蜂能自由进出、而大胡蜂不能通过为准）围制成长、宽、高各 33 厘米的厂型防护栅，套在巢前、地面和蜂箱接合处且不能留任何隙缝，使外勤蜂顺纱眼进出，大胡蜂不能通过纱眼靠近巢门，这样就不容易再受其害了，把损失降到最低程度。虽然外勤蜂进出巢有一定影响，但比起遭受大胡蜂危害的损失小得多。若能几箱蜂合用这样一个较长的阻隔纱具，只要将各箱之间的空隙缝堵严，即可预防。这样既简单又省事，是当前预防大胡蜂危害蜂群的最佳方法。

癞蛤蟆食蜂实在可恶

1988 年荆条花时，我将蜂场设在本县回车乡石梯村代沟组竹园边的刺槐林内。不到半月各群群势普遍显著下降，尤其场地两头的蜂群更为严重，直接影响采蜜。巢内尽是幼蜂，场地上死蜂不多，一切正常，就是不知外勤蜂飞到哪里去了，我找不出原因。但见场地面上有含大量蜂尸的似老鼠粪便样的东西。我以为是老鼠危害，于是夜晚用鼠药毒杀，却没死一只，一切如旧。

6 月下旬一天夜里，电闪雷鸣，看来一场雷雨势在必行。虽然已托人为蜂箱盖雨布但我仍放心不下，于是骑车跑了 2 500 米去场地查看。借闪电和手电照看，我大吃一惊，只见几十只癞蛤蟆正在吞食巢外的蜜蜂，行动非常敏捷，个个吃的似圆球。我迅速捕杀，竟有 87 个之多，一连几天夜里捕杀，总共

500 多个。随后我将蜂箱垫高半尺，地面打扫干净，竹园边的杂草全部割净，才有效地制止了癞蛤蟆的危害。

1995 年芝麻花时，浙江来的孙姓蜂友将蜂场设在内乡县西庙乡一沟边杨树林内。8 月中旬一天上午，他专程来西峡找我交流经验，谈话中，知道他蜂场也有类似之前我蜂场的情况，我要他回去夜晚亲自到蜂场去看个究竟。后来孙姓蜂友在给我的来信中谈到正是癞蛤蟆危害，由于采取措施得力，才杜绝了其危害。

长期的养蜂实践告诉我们：夏季天气炎热，杂草丛生的河沟或竹园、树林内，由于湿热且有小虫可供食用，是癞蛤蟆理想的生活环境。若蜂场设在这些地方，极易受到危害。它们食量很大，一只一夜吞食 200 多个蜜蜂（我曾用雄蜂做过试验）。癞蛤蟆嗅觉相当灵敏，500 米以外就能感知蜂群，危害非常之大。蜂友们千万要注意可恶的癞蛤蟆吞食、危害蜂群。

蚂蚁危害不可低估

1978 年 6 月下旬，我趁荆条大流蜜时，组织了 20 多个交尾群，准备换王。谁知从第二天起，一连几天下起大雨，我想各群内饲料充足，没有什么大问题，因此没有检查。第五天上午，我打着雨伞去检查各群，使我大吃一惊，有 15 个交尾群遭到蚂蚁危害，其中 11 个交尾群全部受到危害，覆盖上面已成了蚁穴，其余 4 个蜂损一半。后来我就注意防范，用火烧、开水烫蚁穴，保持地面干净，还用硼砂 30 克、白糖 200 克、蜂蜜 50 克，溶于 250 克水中，分装小碟中，上盖铁纱，放到蚂蚁多的地方进行诱杀外，又在各交尾箱的四角各钉一个约 16. 5 厘米高的白勺细木棍，将此四个木棍插入倒满洁净冷水的大口瓶内。这样才有效地杜绝了蚁害。

1982 年刺槐花时，有一四川来的张姓蜂友，将蜂群放在我县回车乡老庙岗村岗顶大场内。将 30 多个交尾群摆放在满地都是麦秆的场角，当天夜里就下起了小雨，一连三天，第四天刚晴，当他检查交尾群时，竟有 18 个毁于蚁害，其余的也不同程度遭到蚂蚁危害。

1993 年还是刺槐花时，福建来的李姓蜂友，将 18 个交尾群蜂放在回车乡红石桥村河湾满地是杂草和干树叶的杨树林内。我见状，劝他赶快采取措施，要不可能遭到蚁害。第二天他检查各交尾群时，已发现不少蜂群不同程度地遭到蚁害，在我的帮助下，当天夜里将交尾群搬离他处暂放，用火烧掉树叶，又将地面彻底打扫干净后，再将蜂箱搬回原位，又采取一些诱杀手段，逐个进行换箱，才避免了一场蚁害。

像这样的实例很多。由于交尾群群势弱，且幼蜂多，护卫能力差，又逢湿热、地面不洁、小雨，交尾群处是蚂蚁生活的理想场所，所以，交尾群和新分弱群蜂易遭蚁害。

蜂友们要特别注意预防蚂蚁的危害，绝不可低估。

越冬期间谨防鼠害

1994年越冬时，我严格做了蜂群防鼠工作，除盖严箱盖、糊严箱缝外，又在巢门口每隔1厘米钉上一根小铁钉，以为这样防鼠万无一失。

由于整个越冬期间我很少查蜂，待翌年春繁整巢时，发现共有8群蜂（占越冬群20%）不同程度地遭了鼠害，其中5群死蜂一半，3群损失蜂1/3，变成了弱群。

观察蜂箱，无异常变化，可鼠从哪里来？且鼠一律为小鼠，再三观察，终于发现，巢门口的部分铁钉上，有少量鼠毛，从而证实这些小鼠是从巢门铁钉空隙中钻进危害蜂群的。

这些小鼠实在可恶，使我蜂群受到这么大的损失。1995年越冬时我改用巢门口每0.5厘米钉一铁钉，并经常用皮胶管探听，无异常迹象，这样避免了鼠害。所以，在越冬期间谨防鼠害。

一次人为的西蜂盗中蜂事件

2010年秋，不少人发现在悬崖绝壁上有一野生中蜂群。都想得到，但用尽办法均无效果，只得望而兴叹。

我地一王姓蜂友早有此愿，心想蜂与蜜只得到一种也行。秋末，正是少蜜粉源的时间，一天上午，他将自己一群继箱饲养缺蜜西蜂双王强群（下8上7）从5千米开外的家里运往该绝壁下。不久西蜂工蜂有两个飞到绝壁中蜂巢口处（用望远镜观看），顺利进入中蜂巢内。大约过了5分钟，二蜂又飞出。大概此二蜂回巢相约，不到10分钟就有10多只西蜂在中蜂巢口处撕咬。不久西蜂越来越多，只见从绝壁上掉下许多的中蜂工蜂，也有少量的西蜂工蜂，双双抱团撕打者也俱多。回巢西蜂个个蜜囊饱满，不到巢口就落地，似飞不动，都是顺地慢慢爬回巢内。2 小时过去了，西蜂进中蜂巢门畅通无阻，大概中蜂已被西蜂咬死完了，或中蜂已无护巢能力。4 个小时过去了，中蜂巢穴处西蜂越来越少了，大约里边的储蜜已被西蜂盗空。时夜，王姓蜂友将这群西蜂运回家中，第二天上午一看，原巢中几乎无储蜜，现在足有 15 千克的储蜜。

这是一种不道德的行为，为了得到一些蜜，竟失去了一群中蜂。蜂友们若遇到这种情况，不要杀鸡取卵，太不值得。

敲击法治巢虫

无论中、西蜂，巢脾上若有巢虫，对蜂群危害巨大。用敲击法来治疗简单、省事。将有巢虫脾上的蜂全部抖去，将此脾在太阳光下晒 3～5 分钟，然后用棍棒轻敲此脾，巢虫会自动爬出，进行消灭。

刺猬危害蜂群值得注意

刺猬是肉食动物，对农业来说是有益动物，但对蜜蜂来说是纯害无益，危害蜂群，值得注意。

10 年前我追花夺蜜，在外地许多场地（尤为春、夏季）夜里不止一次看到刺猬危害蜂群的情形，夜里 10 时左右，听到蜂场边有“浮浮”的声音，这是它锁定危害蜂群的目标，若无人为干涉，它就会跑向距离它最近的蜂箱巢门前聚蜂最多的蜂群去吞食蜜蜂。它的胃口很大，一次能吃掉 200～500 只蜜蜂，一嘴能吃几个，大约 15 分钟，它吃饱了，腹部紧靠地面，似乎走不动的样子，慢慢离开蜂场。有时人若没发现它的足迹，可在蜂场发现它的粪便，粪便的样子似癞蛤蟆的粪便，但大得多。粪便内含有蜂的翅和肢体等不能消化的部分。发现有这种情形，就是刺猬危害蜂群的标志，蜂友们要注意防范。

2001 年春，我在邓州市罗庄乡张楼村油菜场地，一天夜里就发现有 7 只之多，若不是发现及时，可能这次要有几千只蜜蜂变成它的美餐。刺猬是有益动物，蜂友们若遇到这种情形，要尽可能驱赶它们离开蜂场（捉住拿走），尽量不要伤害它们，平时做好防范工作即可。

另外，尽可能不在燕子、夏鸡、黄鹂等有益动物聚飞区设立蜂场，因为它们有时也会危害蜂群，吞食蜜蜂。

中蜂饲养常见问题的预防与处理

中蜂饲养常见问题的预防与处理见表19A。

表19A 中蜂饲养常见问题的预防与处理

问题	原因	判断（现象）	预防与处理
意蜂消灭中蜂	中蜂场和意蜂场同场饲养或相距太近	盗蜂、交配干扰，蜂群无粮饿死，不能正常繁殖	中蜂和意蜂分开饲养，距离1 000米以上；培育蜂王时两种蜜蜂相距5 000米以上。同场饲养的将中蜂箱摆放西蜂箱后面
使用意蜂箱饲养中蜂	不符合中蜂的生活习性	群小、病多、蜜少	制作适合当地中蜂生活和生产管理的蜂箱，灵活使用西蜂箱框，4脾蜂以上升继箱
早春繁殖蜂群势下降	提早春繁、低温天气喂蜂	成年蜜蜂早衰，幼蜂体质差、易生病	制作适合当地中蜂生活和生产管理的蜂箱
诱捕野生蜂群	自然分蜂、飞逃	天气温暖、蜜源丰富、蜂群强大	在山的阳坡、目标明显处放置诱饵蜂箱，引进蜂群
中蜂分蜂	花多蜜多、蜂强子旺，蜂群分蜂	工蜂怠工，巢脾下缘长有王台，巢门前有蜂胡子	人工分蜂：①将有王台的巢脾割下，另置一箱（桶），舀入几勺蜂蜜，放在原群位置，原群移开；②将有王巢脾带蜂提出，另置一箱，多分配一些蜜蜂，原箱留下一个粗壮规模的王台，等待新王羽化产卵。 收捕蜂团：根据王台封口时间，判断分蜂时间，等待时机收捕分蜂和逃蜂

续表

问题	原因	判断（现象）	预防与处理
检查无框中蜂	巢脾不能移动或提出	分蜂季节检查、无花季节检查	将蜂侧板打开，或将蜂桶翻动 30°角，观察巢脾下缘有无王台和巢脾颜色，从而判断蜂群分蜂与否和繁殖是否正常。向上提起蜂巢，以轻重判断食物多寡
无框造脾	蜂窑 木箱 蜂桶	没有巢框	蜂窑或无框木箱饲养的蜂群，在植物开花泌蜜后，先割一侧的巢脾，翌年再割除另一侧的巢脾，腾出空间让蜜蜂造脾。 桶养中蜂，结合割蜜和繁殖计划，先割除上部巢脾，待长出新脾后，再割除下部巢脾，将巢中空部位割一脾，形成中空布巢
蜜蜂逃跑	自然分蜂，饥饿，有病，群势小，受敌害	雨过天晴蜂群逃跑，缺乏食物	及早育王更换老王，及时检查蜂群。将蜂群转移到花多、蜜多的地方放蜂，或补足饲料，补群势，治疗病，驱赶敌害
蜜蜂蜇人	干扰蜂群，无王、蜂老	蜜蜂攻击人	少开箱、按照操作要求看蜂，介绍蜂王或安王台，补新蜂
工蜂产卵	蜂群无王	一个巢房多粒卵，乱产卵	导入蜂王，或合并蜂群，或介王
盗蜂盗蜜	无花、管理不善	蜜蜂在某一箱周围聚集偷蜜	饲养强群、食物充足，多观察、少开箱，安装自制隔王片
蜂蜜浓度低	多次取蜜	蜂蜜起泡发酵	继箱取蜜，蜜房封盖，上午 10 时以前取蜜，割蜜块
巢蜜不封口	蜜源不足	蜜房不封盖	饲喂

续表

问题	原因	判断（现象）	预防与处理
蜂群饥饿	夏季无花，冬季寒冷	盗蜂、群势下降，饲料不足	将群转移到有花的地方放蜂，补充蜜脾
蜂王丢失	机构损伤、围王、伤残、盗蜂	工蜂在巢门无序爬行，好像在寻找什么	及时导入蜂王或王台，合并蜂群
更换蜂王	蜂王自然衰老	产卵少、繁殖差	用纸包裹王笼介绍蜂王，或安装王台
工蜂围王	介绍蜂王不被蜂群接受	蜂球——工蜂将蜂王包裹在一个由工蜂挤在一起的蜂团中	将蜂球置于温水中，救出蜂王，如完好无损，再采取更安全的方法导入蜂群，如受伤则弃之
蜂种退化	在一定区域内，蜜蜂种群数量少，不足以正常交配繁殖，或受意蜂干扰无法完成正常交配	近亲交配，有卵无虫	引进地理种或亚种进行杂交，远离意蜂种群，培育蜂王
蜂病频发	干扰、缺食、蜂少等	囊状幼虫病、蜡螟危害	少干扰、蜜源丰、食物足、箱合适、蜂数稠、早换王，用虫病净药水防与治
老鼠进箱	蜂箱不严密	冬季，有翅无尸	开箱捕鼠、药饵诱杀，巢口每厘米钉一小钉
胡蜂捕食	蜂场周围有胡蜂	夏、秋季节胡蜂围绕巢门捕食蜜蜂	捕杀胡蜂，巢前安装防护栅
巢虫危害	巢虫寄生	子脾有白头蛹	箱底涂擦食用香油，放数个手指粗纸筒，定期取出，饲养强群、蜂不露脾，饲料充足，保持卫生

几种“爬蜂”病及其防治方法比较见表20A。

表20A　几种“爬蜂”病及其防治方法比较

	病名	病因	发病时间	表　现	防治方法
传染性爬蜂	孢子虫病	由蜜蜂微孢子虫引起，生活周期很短，繁殖迅速	南方3～4月，北方5～6月高峰期	只感染成蜂，幼虫和蛹不致病，患病初期蜜蜂活动正常，后期萎靡不振，腹部膨大，前胸背部和腹尖变黑，下痢，不能蛰刺	春繁前饲喂EM生命液，发病时用柠檬酸糖水喷（喂），并用菌毒清对蜂具、环境消毒
	螺原体病（爬蜂病）	螺旋菌质体	早春	病蜂腹部膨大，行动迟缓，翅微卷下垂，不能飞，只能在蜂箱周围爬行，中肠变白胀肿，环纹消失，后肠积满绿色水样粪便	
	阿米巴病（变形虫病）	螺旋菌质体，马氏管变形虫，有变表虫和孢囊两种形态	冬末春初	病蜂腹部膨大，有时出现下痢症状，体质虚弱，无力飞行，不久死亡	将蜂痹康（麻痹病专用型）用90℃糖水浸泡，晾至室温后饲喂蜂群。同时，用菌毒清对蜂体、蜂箱、蜂具及环境消毒
	麻痹病（黑蜂病、瘫痪病）	慢性蜜蜂麻痹病病毒	春、秋季严重	两种类型：①大肚型：腹部膨大，蜜囊充满液体，身体与翅不停颤抖；②黑蜂型：腹部不膨大，绒毛脱光，身体发黑，翅常有缺损，身体与翅颤抖	
	副伤寒（下痢病）	蜜蜂副伤寒杆菌	冬末春初，特别多发于春季	病蜂腹部膨大，行动迟缓，无力爬行，有下痢现象，严重时箱底和巢门外死蜂遍地	
	败血病	蜜蜂败血杆菌	春、夏两季	病蜂烦躁不安，拒食，无力飞翔，极度衰弱，死蜂颜色变暗、变软，肌肉迅速腐败	白天用菌毒清带蜂消毒，傍晚用蜂痹康（爬蜂病专用型）饲喂

续表

	病名	病因	发病时间	表 现	防治方法
非传染性爬蜂	大蜂螨	雅氏瓦螨	春季、秋末	巢门前可见翅足残缺，幼蜂爬行，工蜂拖出死蛹体上有时可见白色若螨。被大蜂螨寄生的蜜蜂发育不良，体质差，采集力差、寿命短	断子期用蜂螨克水剂喷洒，封盖子期用卫鹏螨扑挂片或蜂宝喷剂。流蜜期用特螨清熏蒸
	枣花蜜中毒	K 离子含量过高，并含有生物碱	5~6 月	大肚、失去飞行能力，在巢门前跳跃式爬行，严重的仰卧地面、腹部抽搐，死蜂翅膀张开，腹部向内曲、吻伸出，呈中毒状。死蜂遍地，群势下降	用 2%的淡盐水和 0.1%的柠檬酸糖浆饲喂；特螨清有解毒杀螨双重功效
	小蜂螨	亮热厉螨	2~3 月繁殖，5~6 月达到高峰	很少寄生在蜂体上，主要寄生在子脾上，吸食幼虫和幼蜂体液，使幼虫死亡。发育成的幼蜂，因翅足残缺或体质衰弱而爬行	用蜂哈哈或升华硫喷涂，产蜜期用特螨清熏蒸
	甘露蜜	甘露：蚜虫、介壳虫等昆虫分泌物。蜜露：气温变化、创伤引起、叶、茎、创伤部位分泌	早春、秋季	大肚、下痢、体色油黑发亮，蜜囊呈球状，失去飞行能力，在框梁、巢门外爬行。中肠灰白色，失去环纹、弹性。后肠黑色、充水、有结晶。严重时成蜂、幼蜂及幼虫死亡	花期在无松、柏及甘露区放蜂并饲喂 2% 的淡盐水。及时摇出甘露，换蜜脾或喂糖浆。饲喂 EM 生命液。留足越冬优质饲料

续表

	病名	病因	发病时间	表　现	防治方法
非传染性爬蜂	农药中毒	有机磷、有机氯、有机氮、拟除虫菊脂、胺基酸酯类等农药	施药期	蜂群突然大批死亡，多是采集蜂，且强群严重；蜜蜂极度不安，秩序混乱，爱蜇人；中毒蜜蜂常爬出巢门，在地上翻滚打转，不停抽搐，最后痉挛而死，死后翅膀成K形，吻吐出	隔离，换箱换脾，清除死蜂，饲喂阿托品等药蜜水、甘草蜜水
	下痢病	劣质饲料或甘露	冬季或早春	腹大，肠道积粪，较重者巢内排泄，有恶臭。越冬期间，病蜂急于出巢排泄而被冻死	更换蜜脾或饲喂优质饲料并添加 EM 生命液，用菌毒清消毒
	卷翅病	高温、干燥	气温 35℃以上，相对湿度 70%以下	幼蜂翅膀不能伸展，形成卷翅，不能飞行	遮阳，洒水降温，保证饲料和水供应
	弱小体质	营养不良引起	整个生产期，春季多发生	肢翅健全，但体型稍小，幼蜂出巢试飞时飞不起来，30%跳跃	保温，紧脾，减少工蜂的哺育负担。饲喂 EM 生命液及用菌毒清消过毒的花粉

六、豫西南地区主要与辅助蜜粉源植物

主要蜜粉源植物

豫西南地区蜜粉源植物种类很多，下面着重介绍13种主要的蜜粉源植物。在这些主要蜜粉源植物中，有广布性的，有区域性的，读者应注意区分。

1. 油菜

油菜在豫西南地区常年种植面积约4万公顷，以唐河、邓州、新野、方城、社旗、淅川、宛城、卧龙等地种植面积比较集中，是我区春季第一个主要蜜粉源，被群众誉为“铁蜜粉源”。油菜分白菜型、芥菜型和甘蓝型三种。开花时间因类型、品种和地域不同而有前有后。南阳南部一带白菜型于2月下旬至3月中旬开花；芥菜型的于3月上旬至3月中旬开花；甘蓝型的较晚，在4月中旬至4月下旬开花。花期40天左右，单株花期20天左右。油菜开花泌蜜，前期、中期丰富，后期开的花泌蜜少，一天中上午7~11时为开花泌蜜的高峰。开花泌蜜适宜温度为12~25℃，油菜蜜粉丰富，有利于蜂群早春繁殖和及早养成强群投入生产。常年群产蜜10~30千克或更多。油菜蜜呈浅琥珀色，味甜，略带辛辣味和青味，极易结晶，为乳白色，颗粒细腻，一般不宜作为越冬饲料。油菜花粉为黄色，有黏性，粉量多，富含蛋白质、氨基酸和维生素。

2. 刺槐

刺槐是豫西南地区春末夏初的主要蜜粉源植物，全区各地均有分布，约2万公顷以上。刺槐开花期一般在4月下旬至5月5日，由南向北逐渐推迟，而且受小气候影响较大。刺槐花期短，始花期泌蜜少，盛花期以后开始大流蜜，开花泌蜜期一般为7~10天，适宜气温为27℃，一般群产蜜10~30千克。但刺槐开花极不稳定，如果土壤湿润、气温高、风力小，则泌蜜丰富；如遇阴雨连绵、低温、大风则泌蜜少或不泌蜜。特别是开花中、后期遇风雨，花期会很快结束。且先开花后出叶的蜜多，先出叶后开花的蜜少；花紫萼型的蜜多，花绿萼型的蜜少；正常情况午前泌蜜大于午后。刺槐蜜呈水白透明，质地浓稠，味甘甜鲜美，芳香适口，不易结晶，为上等蜜。刺槐花粉大，呈乳白色，富含氨基酸和微量元素。

3. 泡桐

泡桐是豫西南地区油菜后刺槐前的中间花期，唐河、宛城、卧龙、社旗和方城等地种植面积大。它和刺槐花期结合，一般比较稳产，花期一般在 4 月 8 日至 5 月 5 日之间，花期 20~30 天，单花每日泌蜜量可达 40~50 毫升，一只蜜蜂采集一只单花即可满载而归。但由于雄蕊花丝基部的遮挡，蜜蜂只能采到部分花蜜，常可看到蜜蜂去采集刚落到地上的花朵。泡桐蜜呈浅琥珀色，半透明状，气味芳香，为优质蜜。泡桐花粉丰富，为灰白色。

4. 枣树

枣树是夏季主要蜜粉源之一。豫西南地区的方城、社旗、宛城、卧龙、镇平、内乡等都有成片分布，以方城的广店、清河和镇平的赵湾、全家岭、后碾盘较为集中。枣树开花一般在 5 月中旬至 6 月上中旬，花期 30 天左右。在开花泌蜜盛期，一般是上午最盛，单花泌蜜量 0. 5~25 毫升。影响枣花的泌蜜因素有：

（1）温度。最适宜温度为 26~32℃，低于 25℃或高于 32℃时，泌蜜量显著下降。

（2）湿度。相对湿度在 40%~70%的范围内能正常泌蜜，高于 70%时，往往伴随着低温、阴雨天气而停止泌蜜；低于 40%时，空气过分干燥，不仅泌蜜量小，即使已分泌的花蜜，因浓度过高或干涸，蜜蜂也不易采集。

（3）风。微风对枣花泌蜜影响不大，大风天气则严重影响泌蜜，甚至无蜜。

此外，阳光、土壤、树龄（20~50 年的泌蜜丰富）等对枣花泌蜜都有较明显的影响。正常年景群产蜜 15~20 千克。

枣花蜜呈琥珀色，质地黏稠，不易结晶，有枣香味，甜度大。枣花花粉很少，蜜蜂基本采不到花粉作为饲料，故后期群势极易减弱，所以，赶枣花蜂群要注意补喂人工花粉，以保证下个花期的群势。此花期慎用。

5. 板栗

壳斗科植物，落叶乔木。叶长椭圆形，长9~18厘米，宽4~7厘米，叶尖渐尖，边缘有锯齿。雄花序穗状，直立，雌花生于雄花基部，2~3朵小花生于一个总苞内。壳内球形，连刺直径4~6.5厘米，苞片针形，有紧贴星状柔毛。坚果2~3个，黄褐色。豫西南地区5月中下旬至6月上旬开花，流蜜约20天，有蜜有粉，对繁殖蜂群极为有利，栽培集中的内乡西庙岗、西峡桑坪某些年份可取到商品蜜。气温在18℃以上流蜜最好。蜜呈琥珀色，汁浓，可脱粉。

6. 荆条

荆条是豫西南地区夏季主要的蜜粉源植物，主要分布在淅川、西峡、内乡、镇平、南召和桐柏等地的山区、丘陵地带、河流两岸、路旁、荒山。正常年份，荆条6月上旬始花，中旬进入盛花泌蜜期，7月下旬结束，同一地域花期约30天。由于年份、分布和小区气候的不同，开花期能提前或延后10多天。荆条泌蜜丰富，泌蜜适宜温度25~28℃；夜间气温高、湿度大、天气闷热，次日泌蜜量最多；一天中上午10时左右到下午18时前，泌蜜达到高峰；山腰、山谷、田边、溪旁土地肥沃、水分充足的地方长势旺盛，泌蜜丰富；干旱天气泌蜜大减；当年生或再生枝条花序短，花期晚，泌蜜少，二年生以上花序长、花数多，泌蜜多；太老龄荆条泌蜜少，海拔超过1 600米，泌蜜减少或不泌蜜。强群正常年份群产量一般在15~25千克。蜜呈琥珀色，结晶乳白色，气味芳香，甜而不腻，口感特佳，属上等蜜。荆条蜜多粉少，赶荆条花蜂群注意喂粉，保持群势，为芝麻、棉花期高产奠定基础。

7. 芝麻

豫西南地区芝麻面积约6.5万公顷，占河南省之首，是夏、秋季主要的蜜粉源植物，主要分布在方城、社旗、唐河、邓州、镇平、内乡、淅川、宛城、卧龙等地。春季芝麻始花期一般在7月上旬，夏芝麻一般在7月下旬，群体花期45天左右，泌蜜适宜温度22~28℃。低于20℃或高于30℃泌蜜少；花期如遇大风干旱或雨涝，常使泌蜜减少。开花期间，每天上午6~9时为盛花期。芝麻具有花内蜜腺和花外蜜腺，泌蜜丰富，常年群产蜂蜜10~25千克。除集中连片外，一般多和棉花混种在一起。蜜呈琥珀色，结晶乳白色，甘甜适口，有芳香味，略带酸味。花粉为淡黄色或黄白色，数量较多，富含氨基酸和微量元素。

8. 棉花

棉花为秋季主要蜜粉源之一，豫西南地区常年种植2万公顷左右棉花，主要分布在宛城、卧龙、新野、唐河、邓州、方城、社旗。棉花是连续开花植物，开花期为7~9月，最先开的花结棉桃时，开始大量泌蜜，泌蜜盛期为7月中旬至8月下旬，历时40多天。棉花具有花内蜜腺和花外蜜腺及叶脉蜜腺，花内蜜腺因开花前期被萼片和花冠覆盖，蜜蜂很难采到，只有到开花中后期花冠即将萎缩时，蜜蜂才能采到。但由于花外蜜腺多，同样可以采到棉花蜜。棉花属于高温泌蜜型植物，其泌蜜适宜温度为35~38℃，特别是在昼夜温差较大的情况下泌蜜更多。但是，棉花的泌蜜同蜜蜂的飞行适温矛盾，所以采蜜产量不高。一般蜂场选择场地时都兼有芝麻花，前期以芝麻为主，中、后期利用棉花繁蜂。棉花蜜呈琥珀色或水白色，极易结晶，颗粒细腻，无香味，不宜作为越冬饲料。其花粉为黄色。

9. 盐肤木

盐肤木属漆树科，别名五倍子树，乔灌木，在豫西南地区俗语叫柳盂头、胡栾报等。主要分布在淅川、西峡、内乡、镇平、南召和桐柏山区。落叶小乔木或灌木，树皮灰黑色，幼枝棕色，生白色绒毛，叶味甜，嫩叶及果有盐酸涩味。单数羽状复叶，互生，小叶7~13片，无柄，卵形或椭圆形，长7~12厘米，边沿有粗锯齿，叶背面密生灰褐色绒毛，叶轴常有翅。圆锥花序顶生，花轴及花梗均有黄柔毛，花小，黄白色。核果偏圆形，红色，有灰白色柔毛。它多生在疏林草坡中。其开花流蜜规律：花先开高处后开低处，西峡重阳伏牛山区8月15日至9月17日开花流蜜，花期近1个月。气温20℃以上流蜜多，晨间有雾、白天晴朗微干旱流蜜更多。生长集中地区群产蜜20~30千克。蜜刚取出时呈浅绿色，放后为茶褐色，微带涩味，对越冬适龄蜂的繁育和越冬饲料的储备非常有利。

10. 臭椿

臭椿是豫西南地区各地城镇、农村分布比较广的树种，它适应性强，耐寒、耐旱，在土壤深厚、肥沃和排水良好的土地上生长最好。臭椿为落叶乔木，奇数羽状复叶，互生，具柄，卵状披针形，先端渐尖，基部斜楔形、全缘，仅在基部有两对粗锯齿，揉搓后有臭味。圆锥花序顶生，花杂性，白色带绿，雄蕊10枚五裂。翅果，成熟时黄褐色。豫西南地区5月上中旬始花，5

月下旬为盛花期，25 日左右大流蜜，5 月底结束。蜜、粉丰富，有利于繁殖，分布集中的地方，可采到商品蜜。

11. 女贞树

女贞属于木樨科植物，是城镇公路两旁的绿化树，淅川等部分山区也有分布。常绿乔木或灌木，小枝有突起的皮孔。叶对生，革质、卵状长圆形。小花白色，圆锥花序。核果椭圆形，紫黑色。开花流蜜时间一般在 5 月下旬至 6 月下旬，群体花期约 30 天。流蜜最适宜温度在 20℃ 以上，花期干旱则泌蜜少，甚至提前结束。该花期蜜粉丰富，有利于蜂群繁殖、造脾和产浆。在城镇集中种植的区域，组织强群可生产少量商品蜜。

12. 野菊

野菊主要分布在豫西南地区的淅川、西峡、内乡、南召和桐柏 5 个县的山区、荒山、林缘、河边、山坡、路旁，大部分为野生，分布数量广，花粉丰富，泌蜜量中等，对繁殖越冬蜂、储备越冬饲料有重要价值，也可采到少量商品蜜。野菊为多年生草本植物。高 30~100 厘米，通常基部呈匍匐状，上部多分枝，叶互生、具柄、卵状长圆形，长 3~6 厘米、宽 2~3 厘米、具齿，有时为羽状深裂，裂片每侧 2~3 个，卵形或长圆状卵形，有尖齿。头状花序，具总花梗，排成伞式，径 2~2.5 厘米，总苞半球形，花冠黄色，瘦果。野菊开花期，由北向南逐渐推迟；先高山后浅山。南召县崔庄乡 10 月 7 日为初花期，而淅川仓房 10 月 15 日为始花期，石人山海拔 1 500 米，南侧 9 月 28 日为始花期，而海拔 200 米的马石坪始花期在 10 月 15 日。群体花期为 25~30 天。

13. 柿树

柿树别名柿子，柿树科。各县山区均有。乔木花雌雄同株或异株，雄花为小聚伞花序，花黄白色。柿树耐寒、耐旱，适应性强，开花期为 5 月上中旬。花期 15~20 天。相对湿度 60%~80%，晴天气温 20~28℃时泌蜜量最大，西蜂群产可达 10~20 千克，蜜多粉少，有大小年。

辅助蜜粉源植物

豫西南地区的辅助蜜粉源植物种类繁多，为蜂群的繁殖和多种蜂产品的生产提供了很好的自然条件。现将部分主要的辅助蜜粉源植物情况作一介绍，见表21A。

表21A　豫西南地区辅助蜜粉源基本情况

名称	别名	主要特征	分布情况	花期(月)	蜜	粉
松属	马尾松、松树	长绿乔木	山区、丘陵地带	3~4		+
侧柏	扁柏	长绿乔木	坟地及丘陵荒坡	3~4		+
杨属	大叶杨、毛白杨	落叶乔木	南阳各地	3		+
柳属	柳树	落叶灌木或乔木	河谷沿岸	2~3	++	+
榆	家榆、榆树	落叶乔木	“四旁”零星分布	2~3		+
杏树	杏子	落叶乔木	南阳各地	3	++	+
桃	毛桃、白桃	落叶乔木	南阳各地	3~4	+	+
李	李子	落叶乔木	南阳山区	3~4	+	+
梨	沙梨	落叶乔木	南阳各地	4	++	+
山楂	红果	落叶乔木	大别山、伏牛山区	4	++	+
樱桃		落叶乔木	南阳各地	4	++	+
核桃	胡桃	落叶乔木	大别山、伏牛山	3~4		+
葡萄		木质藤状	南阳各地	5~6	+++	+
苜蓿	紫花苜蓿	多年生牧草	南阳各地	5~6	++	+
益母草	益母蒿	二年生草本	南阳各地野生	5~8	++	+
酸枣		落叶灌木或小乔木	山区、丘陵	5~6	++	+
油桐	桐树	落叶乔木	西峡、南召	5~6	++	+
花椒		落叶灌木或小乔木	各地“四旁”	5~6	++	+
紫穗槐	棉槐	落叶灌木	各地“四旁”	5~6	++	+
桑	桑树	落叶灌木或小乔木	各地零星分布	5~6		+
草莓	高丽果	多年生草本	各地栽培	5~6	++	+
马齿苋	马齿菜	一年生草本	各地野生	6~7	++	+
华椴	中国椴	落叶乔木	西峡、南召	6~7	++	+
山槐	野槐豆	落叶灌木或小乔木	西峡、淅川	6~7	++	+
蓖麻	大麻子	一年生草本	各地“四旁”	5~10	+	+
萱草	金针、黄花菜	多年生草本	各地“四旁”	6~7	+	+

续表

名称	别名	主要特征	分布情况	花期(月)	蜜	粉
向日葵	葵花	一年生草本	各地“四旁”	6~8	+++	+
车前	猪耳朵草	多年生草本	各地野生	6~7		++
槐树	中国槐	落叶乔木	各地栽培	7~8	++	++
葎草	拉拉秧	多年生缠绕草本	各地野生	7~8		++
荆芥		一年生草本	各地栽培	7~9	++	+
蓟	小蓟、大蓟	多年生草本	各地野生	8~9	++	
苣荬菜	野苦菜	多年生草本	各地野生	8~9	++	++
玉米	玉蜀黍	一年生作物	各地栽培	6~8		+++
高粱	蜀黍	一年生作物	各地栽培	7~8		+++
韭菜		多年生草本	各地栽培及山区野生	8~10	++	+
红麻	洋麻	一年生草本	邓州、唐河	9~10	+	++

七、其他

养蜂新、老手都应虚心学习，提高自己的饲养管理技艺

西峡县有位王姓蜂友，20 世纪 70 年代末 80 年代初是我县出名的养蜂能手，他饲管近百群西蜂，经济收入几乎年年名列我县前茅，人人敬仰。随着时间的递增，气候的变化，蜜粉源的减少，病敌害的加重，他饲管的蜂群数量逐年减少，群势逐日下降。我先后几次去看他的蜂情，我每去一次都提出自己的饲养管理意见，我诚心说，科学是无止境的，要虚心学习，取长补短，为西峡养蜂事业做出贡献。他硬是听不进去，最后还红了脸，弄了个不欢而散。

到 20 世纪 90 年代初他与养蜂算是分道扬镳了。最后我到他家给他拿了几本养蜂专著和几本专业蜂刊让他看，他说不看也不学，那上边的东西我都知道。我算对他继续养蜂信心不大了。至今他连一个蜂也没有了。像他这样的人豫西南地区还有。

最近我遇见了一位养蜂新手，他从运输部门退休下来，对养蜂非常热爱，养蜂不到两年，情绪很高，新购置了蜂箱和露天蜂棚，放在公路边，4 个三箱体，1 个小箱，1 个空小箱，对人讲多箱、多王同巢饲养是新方法，1 箱赛别人 10 箱。第一次我去访问他，他揭开箱让我看，原来巢箱中间用隔板隔死，两边各放 1 只王，继箱也有，如此放两王，第 2 继箱放 1 只王，巢箱与两个继箱中间各放 1 个平面隔王板，共 5 只王。看了以后我直言相告，这不叫多王同巢，而叫 5 个小群同巢饲养，管理极不方便，巢箱、继箱蜂稀稀拉拉，几乎没什么经济收入。又看到他把螨朴药片直着剪开，分成 3 等份，分别沾在空框架上，放在隔板外边，我正要指出他的做法不对时，他脸红耳赤，对我极不友好，我劝他要虚心学习，提高技艺，最后他竟咆哮着，让我从哪里来还回到哪里去，别在这里啰唆。

为发展西峡养蜂事业，诚心帮助这位养蜂新手，我又去邀他来我蜂场看看，互相交流经验，共促进步，他还是听不进去。最后，他的蜂由于螨害，缺饲料，群弱，其又缺乏技术，冬天几群蜂全部冻饿而死，与蜂拜拜。

对《蜜蜂杂志》2012年第1期中两篇文章的沟通

1.“不同分蜂方法的繁蜂效果研究”

（1）前后不符。①介绍王台前参加试验21群，1群为育王群，20群参加分蜂，群势在11脾蜂左右。照此计算共应有蜂220脾左右。但在后文中提到，1法分出20群后原群还剩55脾；2法分出9群后原群还剩45脾。前边也说明分出群均2脾蜂，两法共分出蜂为：2脾×（20+9）=58脾。分出蜂脾与分蜂后原蜂脾，共有蜂55脾+45脾+58脾=158脾，那么原有的与现在分出的220脾-158脾=62脾蜂哪里去了？理应说明，虽然是个约数，但也要八九不离十，不要前后不符。②分蜂时间：前面叙述：“在2011年3月24日至5月20日期间，采取两种分蜂方法对西方蜜蜂进行了人工分蜂。”但在该文中指明：“分蜂及繁蜂时间为2011年4月6日至5月20日。前边指出是3月24日，后面却说是4月6日，这不是前后时间不符吗？

（2）原因不明。①分蜂1方法没说明为什么要把分出群拿走两天后再拿回本场。难道仅两天时间，分出群的蜂就忘记了原群的概念，不再飞回原箱了吗？②为什么分蜂1方法好、分蜂2方法不好，应该加以说明。只有使广大蜂友明白了其中的道理，才能广泛应用。

2.中蜂“无框横向分割”管理及饲养技术

众所周知，中蜂耐寒不耐热，养好中蜂一定要注意这点，要想尽办法在高温时降温以适应它的这一生物学特点，尤其是南方。怎样预防闷热呢？该文无言告知。留有一定空间，使巢内不闷热，这一重要举措，该技术却不涉及。这拼凑起来的箱体，若小转地能行吗？像该文叙述的那样巢分四个区，有那么分明吗？我看不是，不能截然分开。蜜、粉的储存在巢脾上呈“月牙”形，上面区域的与下面的巢脾原本是连在一起的，要拿走，难道不会惊动蜂吗？即使用快刀或细钢丝割，也会惊动蜂。但该文却说不惊动蜂，我看未必。8厘米的小箱体一层够用吗？什么是H型中蜂箱？不要随心起一些别名，如4832。要起的话，还不如以自己的姓名为好。要知道我国蜂友的概况：A 老龄化；B 文化层次较低；C 流动性大，不利学习，要用白话说明即可。再者“箱口放有供连接巢脾用的‘脾梁’”，是指每个小箱口，还是指最上面的供储蜜的小箱口呢？是上下对称还是别的放法，应加以说明。

与《荞麦花期因盗蜂导致绝收的探讨》一文的商榷

《中国蜂业》2007 年第 12 期第 41 页刊出了浙江苍南县龙港镇建新路王德安蜂友的《荞麦花期因盗蜂导致绝收的探讨》一文后，对王德安蜂友的遭遇我深表同情。借贵刊一角，与王姓蜂友和其他蜂友共同商榷，以避免类似事件重演。王德安蜂友是否想过，同一个地区的蜜源在同样窄小的范围内有许多大小蜂场，别家蜂箱大开巢门而不遭盗，唯有你家蜂群遭盗，虽经搬迁，但盗蜂仍然很凶。王德安蜂友自己也说绝不是蜂种问题。大家都知道，浆蜂比蜜型蜂盗性较强，而王姓蜂友购来的是优良种王的后代，而不是浆蜂的后代。这话一点不假，至于王德安蜂友在文章最后提出的四点意见也不十分准确，我不敢苟同。

我养中、西蜂几十年，将合并蜂群、介绍蜂王、预防盗蜂称为养蜂三难事。蜜粉源丰富或寒冷（蜂基本不外出活动）时，都好管理，其他时间不易管理。发生盗蜂现象并不奇怪，只要平常精心管理就可预防。几十年的养蜂经验告诉我（也是与王德安蜂友最值得商榷的地方，也许王德安蜂友的蜂群或多或少在上一个花尾期蜂场恐怕就已经有盗蜂现象了，只是你可能未注意罢了），因花尾期流蜜即将结束，再疏于管理，最易引起盗蜂。所以王德安蜂友来到新场地后，盗蜂越来越多、越来越严重。这是因为被盗群已留下被盗的气息，若不及时消除这种气息，任你再迁到新场地，还会发生（尤其是本场互盗更难制止），因为被盗气息越来越浓，人虽闻不到，但蜂却能知道，故而越盗越凶，到头来绝收是小事，恐怕连蜂种也保不住。

王德安蜂友是否有这样的经历：一群蜂在遭到大或小胡蜂的袭击后，这些大、小胡蜂只来此群行凶，而不到他群去，若任其发展，恐怕这群蜂很快就垮了（中蜂会弃逃）。这也是留下了被攻击的信息（气息）而致，这与上面说的道理是一样的。

若有与王德安蜂友有共同遭遇的其他蜂友，我建议防重于治，预防为先，一旦发生盗蜂也不必惊慌，除常规防治方法外，要在消除被盗气息上下功夫。例如，在被盗群巢门口涂抹适量煤油、清凉油，用灭蚊片烟熏、换蜂箱（用清水刷洗过的蜂箱），尽量冲淡或彻底清除这种被盗气息（尤其是巢门口），这样才能止盗。不过无论用什么方法制止，对该群都有一定的影响，只不过损失较小一点。

饲养中蜂老手为什么不如新手

豫西南地区饲养中蜂的朋友不少，有老手，有新手，有些时候老手饲养失败了，可新手成功了，这真是怪事。但虚心、认真思考一下，不难找出原因。

（1）老手蜂具陈旧。多数中蜂饲养蜂友过去或多或少饲养过西蜂，由于种种原因，弃西蜂而改养中蜂，所用蜂具全是西蜂工具，如蜂箱、巢框，用了几年乃至十几年，从来不注意消毒，不注意卫生，有很多病菌、病毒残留其内，等饲养中蜂用时，引发多种疾病。

（2）老手观念陈旧，思想保守。老手以前养过西蜂，自认为已掌握了养蜂技术，不订《中国蜂业》《蜂友》《蜜蜂杂志》等专业杂志，不学科学，不用新技术，如豫西南地区有一许姓蜂友，10 年前养过西蜂，5 年前弃西蜂而改养中蜂，多则 20 多群，少则两三群，曾失败两次，我给他建议，他就是不听，我多次劝他买本《中蜂饲养原理与方法》第 2 版（龚凫羌、宁守荣著）学学，我每说一次，他都回敬我："还不是老套子，有啥学的，一本 50 元，还不如买几斤猪肉吃……"我再三介绍，这本书与养西蜂杨多福大师所著的《数控养蜂法》是养中蜂必读之书。用所谓的管西蜂的经验来饲管中蜂群是不行的。因为中蜂与西蜂的饲管有许多不同之处。如奖饲，用喂西蜂浓度的糖浆来喂中蜂，中蜂会弃食，原因是糖浆太稠，而中蜂喜稀不喜稠。饲喂中蜂宜用20%~50%的含糖量就可以，它利用不了稠糖，即使勉强用了，稠糖会大量产热。中蜂最怕热、闷，结果引发蜂群逃亡；不喂便罢，一喂即逃。即使不逃，也易形成立蛆、烂子。一群有病，多群乃至全场受其传染，都会发生疾病，又不能对症下药，故垮场居多。

（3）蜂箱不合理。老手用的是西标箱，此箱专门为西蜂设计制作，中蜂虽勉强能用，但对其生活有影响，如两框以下的弱群，不便保温、保湿，最易逃亡。不知道龚凫羌、宁守荣二位专家设计的 GN 箱对弱群的饲养十分有利，我初步做了试验：西标箱框架，不足半脾蜂用西标箱框架饲养的话 80%的蜂群会逃亡（蜂包不住脾），而用GN箱，足有多半脾蜂，能形成蜂团，让蜂自造脾，不必加巢础，蜂能包住脾，总体看蜂少，但单位面积蜂密集，只要饲料充足、无盗蜂，几个月后就能发展为强群。

（4）麻痹大意，得过且过。有些蜂群生活发生异常，老手不注意，想着没有什么，过一时是一时，粗心大意，一旦蜂群出了病，已来不及了。

为“中蜂旗舰”鼓与呼

我与四川农业大学龚凫羌老师相距甚远，根本不认识。早在10年前，从《蜜蜂杂志》上陆续看到他的文章才引起我的特别关注，以至于他的每篇文章都要反复细心研读。1997年，他的大作《中蜂饲养原理与方法》出版发行，我即刻邮购到手，系统地精读多遍，但还觉得有些不足之处。10年后我将自己的《最新养蜂技术》（第一集）一书赠他一本，不久他便回赠《中蜂饲养原理与方法》（第二版）给我。该书内容面广，饲养方法奇特，我看了以后非常高兴，也很受启发。将该书与我珍藏众多的中蜂书刊比较，我认为此书胜出一筹，是有关中蜂书刊内容的佼佼者，是中蜂的旗舰。

我常想：他为什么有今天这样大的成就，一定是从实践中吃了不少苦，花了大力气得来的。今从《蜂业拓荒者》一文中才知，他从小就养成细心观察的习惯，对事物喜欢思考提问，有股打破砂锅问到底的“穷酸”劲……少年时就爱上蜜蜂，已从实践中得真知；在饲养管理方面狠下功夫的同时，又虚心学习，取长补短。他研制的GN蜂箱有独到之处，尤其是巢箱与继箱之间有保温带，虽看似简单，却意义重大，既保温又防潮，这样的箱体经我多年使用、验证，很适合高温潮湿地带饲养中蜂小群以达复壮。由他提出的蜜蜂应激性意义重大，用凉水喷雾治疗蜜蜂幼虫烂子病的方法奇特，这正迎合了中蜂喜凉不耐热的生物学特性。仅此在全国不知挽救了多少中蜂烂子病群。

到目前为止，全国除了黑龙江、内蒙古、新疆、香港、澳门、台湾等未去义讲外，他到其他各省都至少义讲了一遍，行程数十万千米，正规授课239场，还不说田间地头的即兴宣讲。他的这种精神难能可贵，是值得大家学习的楷模。对于这一点我就有深刻印象。2010年5月，龚老师一行4人来到我们西峡，3位女士住小旅店一室，龚老师独自睡汽车上，我再三恳求龚老师到我家住，他就是不肯。第二天上午8时他开始在畜牧局会议室义讲，座无虚席，迟来的蜂友只好站在门外、窗外；最后经统计有100多人。授课期间无一人说话，可见其所授内容非常吸引人。义讲一直持续进行到下午 3 时才结束，蜂友们依依不舍。按照龚老师讲的技术饲养管理，我们西峡的中蜂事业有了很大发展，年增收入 10 万元以上。西峡并不大，若照此计算，全国中蜂照龚老师饲养管理技术进行饲管，该有多大的增收呢？仅从这一点看，龚老师的贡献该有多大！

神奇的蜂蜜王浆酒

蜂蜜是蜜蜂采百花之精酿制而成，是一种营养丰富的食疗佳品。《本草纲目》所载：其入药功效有五：清热、补中、解毒、润燥、止痛……其含有大量的单糖和果糖，可被人体直接吸收利用，可消除人体疲劳，使人精神焕发，精力充沛，延年益寿。有护肝、润肠胃、杀菌、安眠、促进新陈代谢的作用；对各种胃溃疡、心脏病、肺病、神经系统疾病都有疗效。促进儿童生长发育、健脑、助消化、增食欲；是皮肤细胞滋生剂，养颜、护肤、防衰老，使人年轻力壮。王浆含有人体必需的 10 种氨基酸、丰富的 B 族维生素，含蛋白质高达 11%~14%。特别是其中含有一种独一无二的特殊王浆酸，10-羟基-2 癸烯酸（10-HDA），抗辐射，抑制和杀伤癌细胞，抗菌消炎，提高免疫力，抗疲劳，抗氧化，延年益寿。另外，其中还含有 3%的不知名物质，使其显得越发神奇。

这么神奇的物质，由河南省唯一一家河南省西峡县老界岭蜜蜂园育种场陈学刚、张长周等人研发特制，酿制出佳酿玉液——纯天然蜂蜜王浆酒，是酒中之精品，自产自销，还售洋蜂蜜、土蜂蜜，供人饮用。

“野蜂蜜”骗人的把戏

现在不少地方都在出售野蜂蜜。大多买者的心态是：野蜂蜜不受环境、水、空气、蜂药等的影响，认为这是优等蜜。其实我认为这是售蜜人的误导。所谓野蜂蜜，是指在深山老林中无人饲管的蜂群之蜜。近年来几乎没有，又何来那么多的野蜂蜜，这是骗人之术，买者切莫上当（因这种蜜漫天要价）。

我曾经问过售这种蜜的人，他们的回答是：挂在墙上的蜂群之蜜是野蜂蜜。放在地面的蜂群之蜜是土蜂蜜。真是可笑，都是人工饲管的同样的中蜂之蜜，只不过箱放的位置不同而已；买者们切莫这样认识。我也奉劝售野蜂蜜的人，不要再骗人了，老实回答是中蜂蜜或土蜂蜜为好。

西蜂雄蜂追逐中蜂处女王

某天下午1时左右我与张姓蜂友一起拿着望远镜到山里玩，当路过一个山凹时，听到有蜂嗡嗡声，我俩止步观望，用肉眼只看到离地面大约只有100米高左右黑压压一片蜜蜂像在追什么东西一样打圈飞行。出于好奇，我拿起望远镜一看，原来是中西蜂雄蜂在追一个中蜂处女王。又过了数分钟，处女王飞快向凹东边顺沟飞去。速度并不算很快，像彗星一样，王在前，西蜂雄蜂紧追后边，在其后是中蜂雄蜂紧追不舍。大约过了半分钟，已不见它们的形迹了。

这是我养蜂几十年来亲眼看到的西蜂雄蜂追中蜂处女王交尾的一幕，我想也许这只中蜂处女王交尾不会随心所愿。

定地饲养中蜂场该设哪里

场地的好坏是养好蜂、多产蜜的关键，根据中蜂飞行灵巧、快捷，耐低温，善利用零星蜜粉源等生物特点，场地宜在半山区、山区海拔在2 400米以下，气候温暖多湿，雨量适中，地形复杂，乔灌木、野草丛生，有丰富的洁净水源，日照有阴阳面，全年至少有2个以上大宗蜜粉源，全年有辅助蜜粉源等有利环境，才可建立定地中蜂养殖场。

试析中、西蜂群势为什么南方小于北方

一般来说中、西蜂群势南方小于北方，尤其是中蜂。为什么？我想是这样的：中蜂：据报道南方中蜂一般为西标框3~5脾蜂，就闹分蜂，维持不了大群势（8脾以上）。起因是南方一年四季气温高于北方，冬季还有少数花开，蜂还能外出采集，因而不需要大群来维持生机，在特定的区域内形成了自己的生物学特性——一年四季都能活动、生存，故而不需要大群势种族就能延续。北方则相反，气温低于南方，越冬时间长，春季开繁晚，一年之中活动周期短，在特定的区域内形成了自己的生物学特性——没有大群势，种族就可能消

亡；为了生存所以要大群势才行。西蜂：在南方基本无越冬期，即使有，时间也不长，冬季蜂飞不断，若没有很好的控飞措施，到头来蜜空蜂死现象颇多。北方正相反，冬季来得快、猛，由于气温较低，蜂早早结团，进入越冬期，故而需要大群势来维持生存。

建议南方中蜂蜂友要利用北方优质种王，就能克服上述不足之处。北方西蜂蜂友带蜂群到南方来越冬，早日春繁，群强、蜜足、王新，追花夺蜜就能获得养蜂高效益。

恩师——周崧研究员

据有关资料介绍，20 世纪 50 年代我国音乐工作者周崧老师，经常出国演奏，名气很大，成了演奏家。他对蜜蜂有特殊感情，对我国农业的发展也很关注——蜜蜂为农作物授粉提高产量是他梦寐以求的事。他多次与周总理联系，一心要去养蜂，在总理的支持下，他弃音乐而去养蜂。在他的倡导下，建立了中国农业科学院养蜂研究所，领导蜂业工作，成绩卓著，成了世界著名养蜂专家、蜜蜂育种专家，1979 年荣获国务院授予的"全国劳动模范"称号。在他身体不太好的情况下，依然非常专注于我国蜂业的发展，他担任中国养蜂学会顾问，对世界、我国蜂业的发展做出了巨大贡献。我从内心尊敬他、敬仰他。

20 世纪 80 年代，我将自己养蜂几十年的经验教训总结出来，在《中国蜂业》《蜜蜂杂志》（原《养蜂科技》）等有关杂志上陆续与大家见面，以后整理成册，名为《最新养蜂技术》（第一集）奉献给大家。我将此书赠给周老师一本，请他指正指导。虽然我们未曾见过面，但书信来往不断，他指导我养好蜂，使我受益匪浅。尤其在中蜂育种方面比较突出。一次我用放大镜偶尔发现工蜂颜色有三种表现，即微黑、微灰、微黄。前者工蜂个体较大，中间较小，后者最小，但经多次测试，前者蜂群特别耐寒，中间次之，后者特别耐湿热；统观全局，它们的一切效益情况基本相同。我将此情况告诉周老师，想培育出适合大江南北地区的耐湿热型蜂王，北方的耐寒型王，中间地带的中间王。周老师给予我很大的支持与指导，经十几年的努力，我精心选育、培育，实现了三种王的培养愿望。经使用，蜂友普遍反映比同地同量同蜜粉源等同情况下，各方效益都增加了 30%左右。如果用错了蜂王型号，则显示不出它的优越性。尽管三型蜂王仍美中不足，但我深信在周老师的指导下，我们进一步努力，定会实现理想目标。

蜂苑奇葩——喜读徐祖荫养蜂论文集《蜂海求索》

近期我仔细拜读了养蜂专家徐祖荫养蜂论文集《蜂海求索》，大开眼界，受益匪浅。该书涉及面广，内容深刻，很有使用价值，有些内容实属全国首创，很有探讨、发展的必要。

该书内容十分丰富、全面，尤其对贵州蜂业有较详细的探讨、说明。全书共分九篇，外加附录一篇，共十篇。内容包括对贵州蜂种资源、蜜粉源植物的调查，蜂群的四季管理，蜂种的选育与杂交优势的利用，蜜蜂病敌害的防治，蜜蜂的授粉，蜂产品的加工利用，蜂业的经济，养蜂的历史，蜂业的文化，贵州省蜂学界人物简介，中、意蜂地方管理标准，规范化管理，创新成果，心得体会等，应有尽有。尤其是第三篇对模式化养蜂研究及贵州省中蜂、意蜂高产管理模式，很富有创意。模式化养蜂有六论之多，每论内容意义深刻，有很高的使用价值。用作者的话说模式化养蜂可归结为三句话，即蜂机具标准化、蜂群良种化、养蜂技术规范化。对第一线养蜂的蜂友们，我最关心的是饲养管理技术。在一个地区全年主要蜜粉源是什么，可靠的利用率有多少，要根据自身条件来制订全年生产计划。如大年以生产蜂蜜、王浆等蜂产品为主，小年以分蜂、护场为主。全年要有 2 个以上蜜粉源，花期在 2 个月以上，人数少，年纪大，就可定地饲养西蜂；人数多，年轻力壮，就可追花夺蜜，饲养西蜂，争取养蜂高效益。受身体影响，年纪较大，又居住在山区的，就可以定地饲养中蜂为主。理论联系实践，多学习书刊上的先进经验，《中国蜂业》《蜜蜂杂志》等养蜂专业杂志，要年年订阅，不要间断。向名人学习，利用他们的技术提高自己的技艺，如王浆高产的沈育初等的饲养方法，西蜂旗舰杨多福大师的《数控养蜂法》，中蜂旗舰龚凫羌教授的《中蜂饲养原理与方法》等 。《养蜂手册》《养蜂问答 600 条》《蜂群生物学》《蜂箱与蜜蜂》等都是必读之书，在本书中多少都能找到相关内容。这种管理模式正与本人要求不谋而合。书中还有许多具体饲养管理中、西蜂方法，这里就不一一重复。第四篇讲的是蜜蜂病敌害防治，尤为大小蜡螟的鉴别与防治办法，巢虫阻隔器防治方法值得推广。

全书内容不能一一简介，我感觉该书有一定区域性，如能延伸到全国使用更好。贵州省能成为全国养蜂大省，这是养蜂先辈刘继宗、徐祖荫两代人共同奉献的结果。该书的出版发行必将对我国蜂业的发展起到推动作用。

零星的蜂产品平时应注意收集

我到过不少中、西蜂场，见大多数蜂场内有许多碎脾、小赘脾，满地皆是，雄蜂蛹、幼虫蛹箱后边满地白，生产王浆抄出的废弃幼虫到处乱抛，蜂户到处可见。所有这些，一是影响场地清洁卫生，易发疾病；二是抛弃物若集中起来还能值几个钱。如碎脾、小赘脾以少积多，化蜡出售；雄蜂幼虫可做成菜肴，王浆幼虫可制酒治病。因这两种幼虫营养极其丰富，有人出钱还购买不到，有些被养蜂员扔掉，实在可惜。

以上这些东西以少积多，定能换回一定的经济收入。

增蜡、增胶的方法

无论中蜂或西蜂，都可多生产蜂蜡，西蜂蜂胶的收购价格年年不断升高，提高这两项生产的数量，定能提高养蜂效益。

平时除积极收集零碎巢脾、小赘脾以外，还要增加箱上框梁与副盖间距离，使蜂在上框梁空间处多造脾，即蜂多于脾，促蜂多造脾；或加宽脾距，多造赘脾等，三两天用小刀割无用小脾——不要嫌麻烦，以增收为目的。在西蜂上框梁处加绿豆粗细细铁纱，并加大其距离，促蜂在铁纱上多产蜂胶。若安上采胶板生产蜂胶为更好。平时检查蜂群时，用利刀勤刮箱壁、巢脾、上框梁等处的蜂胶，以少积多。以生产蜂胶为主的蜂场，应饲养产胶型蜂王，这样就能大幅度提高产胶量。

巢虫的开发利用

无论中、西蜂场，废弃的巢脾堆放在一起都很容易生巢虫。近年来我将巢虫捉出集中，用生理盐水浸泡 4 小时后（消毒去污）取出，配上佐料，做成一道菜，我和家人都爱食用。此道菜对人体有无副作用，因没做过测试所以不知道，但我们多次食用后没发现有什么不良反应。若对人体无害且有益，就可大量生产，定会给养蜂户增添一项新的收入（出售）项目。

蜂蜇治好了顽疾——牛皮癣

2012 年夏季的一天上午，我去老友家玩。老友正在与一位我不认识的江湖医生商谈如何治疗老友左上臂处的顽疾牛皮癣，他痒得无法忍受。医生再三说，我这祖传专治牛皮癣的药水，一抹即止痒，连续抹三遍，不到 6 分钟保证根除，只收 20 元。老友说，如你所说，能根治顽疾，你在我这里住上几日，我包吃住，给你 500 元医疗费，可以吗？无论怎么说医生就是不答应。

医生走后，我对老友说，我不收一分钱，保你病除。老友不相信我说的话。第二天上午我捉几十只蜜蜂，拿去在他痒处蜇。开始他害怕极了，但经蜂一蜇，他感觉不痒了，很舒服。于是我每天上午都捉蜂来蜇其痒处，后来用蜂越来越多，经过 7 次的蜂蜇，已经 2 年了，老友的牛皮癣再也没痒过。看来是彻底治好了老友的顽疾牛皮癣。

养蜂员要注意自身健康

不少老养蜂员身体都有疾病，尤其骨病为多。按说养蜂员应有一个健康的身体，因为许多蜂产品大大有利健康，而实际情况却恰恰相反。究其原因，是年轻时不惜出力、生活无规律、居住环境差、工作体位不正常等。

不少追花夺蜜者，早晨起来就开始取蜜，一直工作到中午 12 时还没吃早饭，这天恐怕只吃两顿饭，久而久之，身体状况可想而知。刮风下雨都在帐篷里，自觉不自觉就受风寒之苦，再者生产王浆看蜂时身体保持一个姿势，长期如此，不得骨病才怪呢。搬运蜂箱上下车，出大力气，一不注意就会将腰扭坏，甚至发生骨折；整日奔波，休息不好等，使养蜂人很容易得病。人老了，各种免疫力都下降，抵抗力也减弱了，所以老年养蜂人身体大都有问题，提醒广大蜂友们要关爱自己，珍惜生命。

养蜂疑事

1. 你相信吗

多年前有人提出蜂群颠倒饲养（即继箱繁殖，巢箱生产）可提高蜜的产量，原因是外勤工蜂省去了上隔王板的工夫，能缩短在巢内的时间，从而达到多出勤的目的。从理论上讲，是行得通的，而实际上却不是这样。依照蜜蜂生物学特性，西蜂储蜜向上；中蜂储蜜蜜子不分，不管子在哪里，蜜就储在靠上框梁呈弧形的地方。我认为这种说法是凭空想象出来的，蜂友们不要轻信。前几年，还有人提出西蜂给什么颜色的巢础，就造什么颜色的巢脾，这可能是偶尔现象，不能以点带面。

1997 年《蜜蜂》杂志第 7 期上有篇文章《对孪生蜂王形成原因与应用价值的探讨》，我对"孪生"一词的理解为同一母体一胎先后出生的两个或者以上婴儿（也叫双胞胎），若用到蜂王身上，应该是同一个王台生出的两个王，叫孪生蜂王。从文章内容看，应该是相邻的两个王台生出的王，则不能叫孪生蜂王，像这样的王台，我经常在中蜂群中遇到，并不奇怪。我认为作者的提法不妥。

1996 年某期《蜜蜂》杂志上有人介绍残翅处女王交尾成功并产子的文章，我对此表示怀疑。既然是残翅的，怎么能够出巢交尾？是否是蜂王交尾成功后，被工蜂咬成残翅的呢？我认为是作者观察不到位造成的。

不时有人提出，城市楼顶养蜂好处如何多，我认为这是误导。城市养蜂需注意两个问题，一是受工业污染的空气，二是不洁净的水源。何况夏季楼顶水泥地上要比地面温度高出 3℃以上；楼顶饲养西蜂的朋友们没有几个成功的。饲养中蜂可能要好些，但有逃亡现象发生。养一两笼蜂玩玩是可以的，说到高效益，我认为是误导。

近期《蜜蜂》杂志上报道：中蜂同巢三王群的制作应用文章，从道理上讲，我认为行得通，但实际却大有出入。无论中、西蜂，母女同巢的例子很多，并不奇怪，但时间不会太长，不久新王就会代替老王（用死隔板将两王隔开，或做人工手术，将王去额，则另当别论），决不会长久。尤其是中蜂，新、老王绝对不会长期和平相处，各尽其职。老王终究要去掉，三王就更不用说了。作者在此处是否有这样三王同巢的实例呢？此法的可行性有待验证，本人对此持怀疑态度。

以上几点仅仅是个人的看法，有用之处请蜂友们注意，不当之处也请蜂友们指正。

2. 湿热、不通风容易引起中囊病

中蜂最怕热与不通风，否则易得中囊病。根据报纸、杂志的报道和蜂友们的反映，黄河以北广大地区得中囊病的中蜂极少，而黄河以南，尤其是长江以南的广大地区中蜂易得中囊病。个别地区甚至暴发严重。我认为，相比之下，黄河以北地区气温相对较低，黄河以南，特别是长江以南地区气温偏高，故此病与气候有关。从我养中蜂几十年的经验来看，温度高、不通风就容易得中囊病。

从蜂友处得知的信息，前几年他们都采取把蜂群放在院内或者平房顶上的方法，结果这些蜂群都得了中囊病。尽管采用了药物治疗，但是效果不佳，蜂群逃亡现象屡屡发生，饲养几年基本上没有什么效益。个别养蜂户，由于蜂群逃亡频繁，发病严重，导致蜂场全部覆灭。

几位蜂友接受了我的建议，开春时把蜂群移到室外，打开蜂箱底部的铁纱板，让其通风，或往幼虫身上适量喷凉水。他们没有用什么药物防治，也没有换王，结果有中囊病的蜂群不治而愈。从而验证了我事先的推测。

故建议，饲养中蜂的朋友们，尽量低温饲养中蜂（外温 15℃以上）且通风。蜂场不要设在竹子开花的地方。这样就能够有效地防止中囊病的发生。

3. 蜂王带队逃亡

我的育种场（老界岭蜜蜂园育种场）育出的优质中蜂种王，2010 年全国购买种王者反映普遍良好。

但是有个别蜂友有不同的认识。因我们工作实在太忙，对提出的问题不能一一作答。借贵刊的一个平台，回答如下。

（1）蜂王带队逃亡：有用户收集到蜂王并成功介绍（多少蜂不知道）。随将该群运往离他住处 5 公里多的山里，安置好后即回家。（群内情况不知道）心想没问题，就等着有个好收获。10 天后他去看蜂，结果让他大吃一惊：蜂跑了，一个也没有！他打电话质问：说什么优质蜂王？劣种！把蜂群都带走了！我欲哭无泪。众所周知，无论是西蜂还是中蜂，若出现蜂群飞迁或者逃亡，都是没有具体工作的青年工蜂" 导演" 的，蜂王是被迫的。若是蜂王带队逃跑，肯定是蜂王先出巢在前引路。其实蜂王是在大部分工蜂离巢中后期才被迫离巢的。个别蜂王不出巢，不愿离去，结果被本群工蜂怒杀。此种事情屡见不鲜。这些现象，可能蜂友们没有仔细观察。况且连种王产的第一代也没产出，蜂友就断定种王不好。衡量一个蜂王的优势，要看它的后代蜂王的表现。如：经济效益、群势、抗逆性、分群怎么样？越冬能力怎么样？这些要用多项指标来衡量。上述蜂友的抱怨对是冤枉了种蜂王，这是饲养管理不到位造成的，与蜂王无关。

（2）良王被围杀：有蜂友打电话说：邮寄来的种王，为什么一放到蜂群就立刻被围杀了？那么优质的种王，为什么还会被围杀？这个问题让我哭笑不得，这是缺少介绍蜂王方法的具体表现。介绍蜂王一定要有技巧，蜜粉源丰实或者寒冷季节蜂不出巢时，可以直接介绍，很容易成功。否则就很困难了。介绍蜂王方法很多，最笨也是最可靠的方法是：找两脾不带一个成蜂还在出幼蜂的老子脾，放进事先准备好的箱内，把王笼盒的通道打开，口朝上，挂在两脾的中间，带好箱盖，封死巢口，不让一只新出的蜂跑出来，（脾上要上饲）。这样，蜂王就会顺着通道渐渐爬出来，新蜂不断山现。过两天夜晚再查看蜂情，若蜂还少，将原脾撤出，再放不带成蜂的老子脾，直到该群能独立生活为止。千万不能让蜂王逃出。

（3）不产仔：有蜂友反映，邮寄来的蜂王开始产一些仔，但过了一段时间后，却又不产仔了。究其原因，是与蜜粉源有关。蜜粉源丰实时就产仔多，否则就停产或者产仔少了。不是王的质量问题。而是缺乏蜜粉源造成的。

（4）为什么达不到广告上说的呢？广告上说种蜂王一只能维持两蜂箱、框架 12~15 脾，这是指春、秋蜜粉源丰实且不分蜂情况下的结果，有蜂友 9 月初购的种王，他打电话声称 4 脾蜂（蜂情不知），到 10 月初只产两脾多仔，质疑怎么达不到广告上说的呢？这位蜂友应想一想，4 脾蜂是空脾还是有仔脾（老仔还是幼仔呢？不得而知）蜜粉源丰实吗？气候雨量等情况不知道，而产仔多少与以上众多因素有关。诚然，中蜂从卵到成蜂需 19 天，1 脾蜂出来后能维持 2 脾蜂（从理论上讲是 3 脾，实际是 2 脾），按照一般情况来计算，20 天后，4~6 脾蜂就不错了。这要有个持续的过程，不能“一口吃个胖子”。

（5）种王突然不见了：有位蜂友反映，既然种王那么好，为什么一二代仔就突然不见了？种王突然丢失的原因很多，是否为盗蜂引起的海华丝西蜂王偷杀的，不得而知。最终还是饲养管理的问题。

附　录

《西峡县教育志》（二）人物介绍

陈学刚　男，中共党员，生于 1943 年 9 月，内乡县赤眉镇人。大学本科文化，生物专业。1962 年 2 月参加教育工作，先后在宋沟、野牛沟小学、东台子初中和县成人中专任教。1998 年 4 月晋升为高级讲师，同年 6 月调西峡职专教授养蜂专业课至今。

该同志自 20 世纪 60 年代以来，潜心研究养蜂技术，先后撰写养蜂经验论文 100 多篇，其中发表在中国农业科学院蜜蜂研究所主办的《中国养蜂》杂志 34 篇，云南农业科学院主办的《蜜蜂》杂志 31 篇，江西省蜜蜂研究所主办的《养蜂科技》75 篇。1996 年 12 月，四川省社会科学院《科教兴国丛书》编委会将其所写的《中蜂和意蜂不能杂交》一文录入《中国农业文库》，由四川科学技术出版社出版发行。1997 年 2 月，被《养蜂之友》聘为顾问。1998 年 11 月，获南阳市政府“科技成果三等奖”。1999 年 11 月，他编的《最新养蜂技术》一书，以“豫内资料”在内部刊印发行。

1999 年 4 月，获“世界文化名人金像奖”“中国国际名人研究院”“中国国际名人协会”和“北京市名人文化研究中心”四家联合颁发的“世界文化名人成就奖”；同时被《世界名人辞海》编辑部、中国国际名人学术研究中心、中国国际名人协会学术委员会、北京市名人文化研究中心四个单位联合发给《世界名人辞海》聘书，特邀其为顾问、编委。

2000 年获《中国改革发展丛书》编委会“跨世纪优秀人才”奖章一枚。

他撰写的《三种养蜂法效益的试验》被《养蜂致富靠真经》一书收录，由黑龙江朝鲜民族出版社出版发行。

该同志对养蝎技术亦有较深研究，所撰写的《养蝎成败在防逃》一文，被中国农业大学出版社出版的《养蝎手册》录入“养蝎专家经验谈”。

2001 年 5 月

西峡县双百佳行业标兵

十佳特色产业种养农户—陈学刚

陈学刚，男，现年71岁，现为西峡职专养蜂专业高级讲师、河南省蜂协理事、南阳市蜂协理事、西峡县蜂协常务理事兼秘书长、《中国蜂业》特邀通讯员、《蜂友》杂志特聘技术顾问。

他编著的《最新养蜂技术》一书，畅销全国，获得南阳市政府科技成果二等奖。《利用有限幼虫诱惑力组织采蜜能增产30%以上》和《微量元素硼、锰、锌在土壤中的含量对植物开花流蜜的影响》，两篇学术文章被河南蜂协推荐给第34届世界养蜂大会交流。他创建的“老界岭蜜蜂园育种场”于2009年8月经南阳市畜牧局批准，成为我省现存唯一一个向全国出售优质种蜂王的蜜蜂育种场，销量供不应求。现有中西蜂4个场地、8名员工、365群蜂，年纯收入达五万余元。陈学刚先后几十次应邀赴西欧、东南亚作学术交流，事迹多次被省、市、县电台及专业杂志专门报道播出，学术著作亦被80余家大型文献所收藏，对我国蜂业发展作出了突出贡献。

陈学刚和他的甜蜜事业

他30年前自掏腰包上大学。他30多年沉醉在养蜂事业上，先后发表32篇养蜂技术论文，仅1996年第四期《养蜂科技》杂志就发表他的论文5篇，这在全省乃至全国都是罕见的。

70余岁的陈学刚，原籍内乡，是一位农民的儿子，在叔父的影响下，他从小就喜欢上了那些能为人类酿造甜蜜的小蜜蜂。于是，从他自费进入河南大学起，就一直做着"发展养蜂事业"的梦，而且在梦想成真的艰辛路途上，他一走就是30多个春秋。

1966年，陈学刚大学毕业后就到西峡县从事教育工作，从此也开始了他的养蜂科研生涯。当时，西峡县刚开始发展养蜂事业，养蜂需要的巢础很缺，影响了西峡县养蜂事业的发展。陈学刚看在眼里，急在心上，如何才能制造一种简易的"巢础压印器"？在教学之余，他就日夜揣摩，多次试验制作，当他用纯水泥试制的"巢础压印器"成功后，得到了养蜂户的高度赞扬，这使他初次尝到成功的快慰。

20世纪60年代后期，从考虑中、西蜂间能否互改、互交、互补，以发挥更大的优势、取得更高的经济效益出发，陈学刚开始研究中蜂和意蜂间的杂交。经过12年的试验，他得出一个结论：中意蜂之间不能互改、互交，只能有限度地互补。尽管在这次试验中他损失了15群蜂，但他那得意的心情，不亚于一个将军攻下了一座堡垒，因为这否定了某专业杂志刊登的《用介入意蜂王改造中蜂成功》的报道，并对当时不少业余养蜂爱好者因这一报道而引起的好奇和兴趣作了科学解答。同时，使许多养蜂者在发展养蜂过程中少走了弯路，减少了不必要的损失。他的论文《中蜂和意蜂不能杂交》被编入"科技兴国"系列丛书之一的《中国农业文库》。1988年之后，他利用几年的节假日，又根据养蜂专业户放蜂地点的改变，查阅有关资料，取流蜜好的内乡、邓州、老河口一线的土壤标本和流蜜少的西峡、镇平、南阳一线的土壤标本，带到省城找有关部门进行化学分析，最终得出"微量元素硼、锰、锌在土壤中的含量影响着植物的开花流蜜"的结论。他的研究成果受到福建农业大学柯贤港教授的肯定和赞扬。他的论文《土壤中微量元素硼、锰、锌的含量对植物开花流蜜的影响》和《中西蜂不能杂交》一起被河南省养蜂协会推荐给第35届国际养蜂大会。

“土壤中微量元素硼、锰、锌的含量影响着植物的开花流蜜”这一结论的取得使陈学刚如获至宝。1990年他便组织养蜂户制订了外出放蜂的路线。几年来按他制订的路线放蜂的蜂场产量比以往成倍增长。

其实，在30多年的养蜂科研生涯里，陈学刚不仅仅只获得了上述成就。他在养蜂各个领域的探索中积累了大量有重要价值的资料，他的记录研究手稿有厚厚几摞，这足足几十千克重的手稿，凝聚着他的心血和汗水。有时正吃饭或正在骑车走路，只要他想到了一个好思路，他就会放下碗筷或跳下自行车，掏出随身携带的笔记本记下它。一次他骑车时想得入了迷，竟连车带人撞到路边的一棵树上，回家一说，让老伴心疼得直埋怨他。“梅花香自苦寒来”，截至1996年，陈学刚共在《蜜蜂》《农民致富之友》等5种科技刊物上发表论文32篇，仅1996年第四期《养蜂科技》杂志就发表他的论文5篇。他的名字开始在养蜂界悄悄流传，祖国各地蜂友的求教信和感谢信纷纷而来，每每收到一封信，他就认真地复信。为此，他付出了上千元的邮费。拿陈学刚自己的话说，这上千元他花得开心、舒心。

陈学刚常说，如果不把科技尽快转变为生产力就是一种浪费。于是，从加快西峡县养蜂事业步伐、振兴西峡县经济、培养新一批养蜂能手考虑，1993年，陈学刚应聘到西峡成人中专教授养蜂课。十几年来，他坚持理论与实践相结合，把自己养蜂科研上的发展和创新毫无保留地传授给学生和向他求教的养蜂户，他教的养蜂课1996年获得南阳市教委优质课奖。如今，他所教的学生中有很多不仅自己靠养蜂走上脱贫致富路，同时还带动了部分群众也走上了脱贫致富路。他扶持的养蜂专业户有不少成了万元户，家家都过上了富裕的生活。1994年，外地到西峡放蜂的较多，他们走后留下一些失散的乱蜂，陈学刚觉得这些失散的乱蜂弃之可惜，就用自己研究的方法引导学生和群众收回这些乱蜂，结果直接创效益3万多元。据统计，1997年西峡共有养蜂户50户，养蜂4 500多群，每群蜂可年产100千克蜜，年创产值250万元。目前，陈学刚仍在西峡成人中专培育着新一批养蜂能手，并不断地探索养蜜蜂王国里的种种奥秘，总结着一个个好经验。我们但愿陈学刚这位学者型的养蜂能手在今后的岁月中再创佳绩。

袁海华　李丰侠

（本文在1997年《河南农业》杂志第8期上发表）

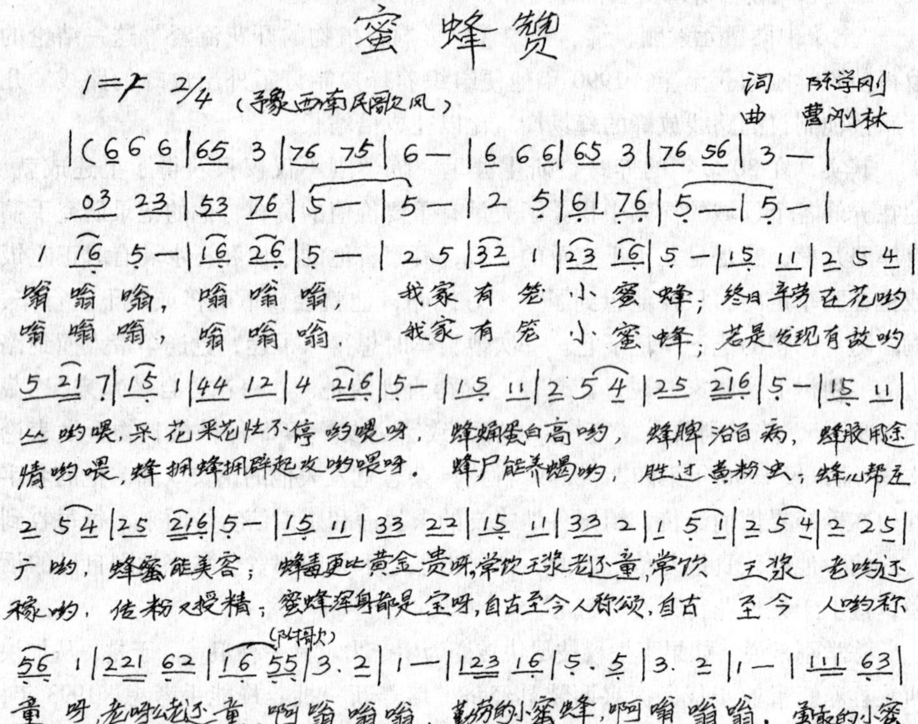
蜜蜂赞
1=F 2/4
（豫西南民歌风）
词 陈学刚
曲 曹刚林
嗡嗡嗡，嗡嗡嗡，我家有笼小蜜蜂；终日辛劳在花哟丛哟喂，采花采花忙不停哟喂呀，蜂蛹蛋白高哟，蜂脾治百病，蜂胶用途广哟，蜂蜜能美容；蜂毒更比黄金贵呀，常饮王浆老还童，常饮王浆老哟还童呀，老哟么老还童。
嗡嗡嗡，嗡嗡嗡，我家有笼小蜜蜂；若是发现有敌哟情哟喂，蜂拥蜂拥群起攻哟喂呀。蜂尸能养蝎哟，胜过黄粉虫；蜂儿帮庄稼哟，传粉又授精；蜜蜂浑身都是宝呀，自古至今人称颂，自古至今人哟称颂呀，人哟么人称颂，
（附歌）
啊嗡嗡嗡，勤劳的小蜜蜂，啊嗡嗡嗡，勇敢的小蜜蜂，啊嗡嗡嗡，无私的小蜜蜂，啊嗡嗡嗡，团结的小蜜蜂。
你采得花粉千万种，医学上能用你消肿解痛，虽说你生命短暂贡献大，你是人类心中大英雄，大英雄。
（慢一倍）
结束句
人类心中的大英雄。
2012.10.22

后　记

在我幼年牙牙学语时期，大人看蜂时就喜欢去凑热闹，却常常遭到大人们的斥责（怕我被蜂蛰）。也许正是如此，才会在以后的日子里与蜜蜂结下了不解之缘。

1964 年在开封上学，学的生物专业，其中就有关于蜜蜂的问题，从这时起就开始了中西蜂同场饲管，把小小的蜜蜂看得比生命还重要，一心想把蜂养好。在饲管过程中，遇到了种种失败，但我不灰心，不害怕，从中找出失败的原因，去伪存真，不仅积极学习外地蜂农经验，而且大量订阅养蜂杂志、书籍，几十年来从未间断。每到外地出差，只要发现书店有有关养蜂书籍而家里没有的，不管厚薄、价格、重量等，我都会购买回家。我又多次参加各类养蜂函授班的技术培训会与各类交流会……蜂不仅越养越好，蜂场规模也在不断扩大。

从 20 世纪 80 年代开始，我把以往的经验教训总结出来，陆续在养蜂专业杂志上发表，供蜂友们查阅使用。20 世纪末我把百余篇拙作汇集成《最新养蜂技术（第一集）》出版发行，供蜂友们借鉴。

近十几年来，随着时间的递增，我又有了一些的心得，又在各专业杂志上与蜂友们见面。本次我又把百余篇拙作汇集成《最新养蜂技术（第二集）》出版发行。福建农业大学周冰峰教授、四川雅安农业大学龚凫羌教授、河南科技学院张中印教授等对本书提出了宝贵的修改意见。特别值得一提的是，世界著名养蜂和育种专家周菘老师，在他双眼和身体不太好的情况下，审阅了书稿，并为稿件提出了宝贵的修改意见。同时，本书也得到了南阳市养蜂协会理事长候朝阳，南阳市养蜂协会原理事长朱保均，西峡县畜牧局局长王世民，著名书法家王新泉、陈默，西峡县中等职业技术学校高讲曾焕芝、李晓锋、李洪涛、张秀茹、西峡县国土资源局董燕、西峡县第二建筑集团有限公司靳小涛、退休干部燕栓成、蜂友张长周等人的共同支持。是师长、朋友、同事、领导的指点和支持才使拙作得以出版，在此向以上单位、个人致以衷心的感谢。

限于作者水平有限，书中差错难免，希望专家、学者、蜂友们不吝赐教，以便再版修正。

地址：河南西峡县中等职业学校

电话：13569283458　15713771973

邮编：474500

电子信箱：chenxuegang@ 126. com

陈学刚

2014 年新春

中蜂蜂王、采蜜、采粉、采水，西蜂采集归巢

中蜂王-棕色(张中印摄)

中蜂王-黑色(张中印摄)

中蜂工蜂采蜜(张中印摄)

中蜂工蜂采粉

中蜂工蜂采水

西蜂工蜂采集归巢(陈思摄)

豫西南山区全年主要蜜粉源植物花朵

漆树花

苹果花

猕猴桃花

刺槐花

芝麻花

油菜花

野菊花

血参花

楝树花

梨树花

荆条花

枣树花

益母草花

杏树花

香薷花

西瓜花

五倍子花(柳孟头)

桃树花

柿树花

葡萄花

山楂花

山萸肉花

油桐树花

泡桐树花

河南省老界岭蜜蜂园育种场——分场场景及场主工作情况

蜂场环境

蜂场一角(1)

蜂场一角(2)

看西蜂

看中蜂(1)

看中蜂(2)

看中蜂(3)

巢虫危害

中幼病

看中蜂(4)

开始看中蜂

蜂巢内部结构

思考

作者在蜂场总结经验

朋友在蜂场参观

与杨多福大师合影

王世民局长和陈学刚老师合影留念

畜牧局王世民局长在指导养蜂生产

与龚凫羌教授合影留念